數學素養題型

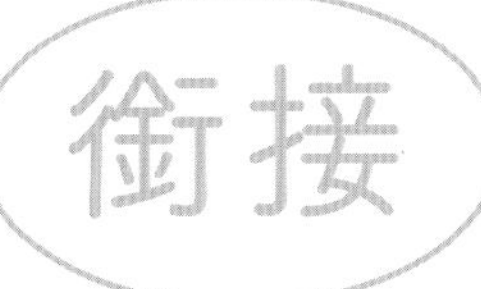

由貼近生活的科普文章轉化成數學題組
符合108課綱精神的數學素養學習教材

數感實驗室／編著

MATHEMATICAL LITERACY

Letter from the Editor-in-Chief

編者的話

各位老師、同學、家長好：

數感實驗室創立迄今，累積了逾千則的生活數學內容，在網路上集結了超過十萬的數學愛好者。我們用數學分析生活、時事、新聞，想讓更多人知道數學有多好玩、多實用。

新課綱的重點「數學素養」強調與情境結合，培養學生活用數學的能力，而非僅止於精熟計算。從 107 年起，連續幾年的國中數學會考中，生活情境題更占了一半左右。這樣的教育改革方向，與我們團隊所強調的「數感」不謀而合——

數感：察覺生活中的數學，用數學解決生活中的問題

因為教學端、考試端的重視，近年來我們受邀到許多學校、縣市輔導團舉辦素養題工作坊，協助教師命題，也與各大出版社合作，參與了國小、國中、高中職義務教育全年段的課本編寫任務。

此次，我們集結了來自第一線的老師、前心測中心的數學研究員，並

邀請數學系教授擔任顧問，投入大量的心力時間，將眾多生活數學內容轉編成一系列的《數學素養題型》，目前已有多所學校採用。

書中的每道題組，皆由循序漸進的多個探究式子題組成，子題有選擇題，也有比照會考的非選擇題。搭配豐富的影音文字延伸學習資料，以及完善的影音詳解，《數學素養題型》可以作為老師在課堂上的教材，也可以作為學生自學的好幫手。

我們期許《數學素養題型》不僅能對同學短期的課業、升學有幫助，而是要產生對就業、人生有益的長遠幫助。2019 年美國就業網站 CareerCast 公布的全美最佳職業排行，前十名有六種職業需要高度的活用數學能力，例如資料科學家、精算師等。畢竟，科技與數據的時代，數學已經成為各行各業的專家語言。許多研究更指出，數感好的人在理財、健康等人生重要面向中表現都比較好。若能真的學會數學，具備數學素養，相信絕對是終生受益的能力。

培養數感不像學一道公式，花幾堂課或練習幾次即可。它是一種思考方式，一種重新看待數學的視角。但培養數感也不需要狂刷大量題目。說到底，數學本來就不是靠著以量取勝就能學好的知識。

數學強調的是想得深入，想得清楚。

翻開《數學素養題型》，每週找一個時間，寫一道題組，讀相關學習延伸，看影音詳解。可以是同學自己在家練習，也可以是老師在課堂上帶著大家一起討論。如同養成習慣一樣，相信半年、一年下來，可以看見顯著的成效。

讓數學變得好用、好學、好玩

這是數感實驗室的理念，也是我們編寫《數學素養題型》的精神。

主編 賴以威

數學素養題型說明

緣由

108 學年度新課綱的「素養導向」是教學的一大議題：如何讓學生察覺生活中的數學，如何評量數學素養呢？數感實驗室研發了一系列符合 108 課綱精神的數學素養學習教材、生活數學題組，希望能幫助教師、家長、學生一起提升數學素養。

題目說明

除了計算、解題的數學力，我們期許培育學生「在生活中看見數學，用數學解決生活問題」的數感。數學素養題型將引導學生進行下圖思考歷程：

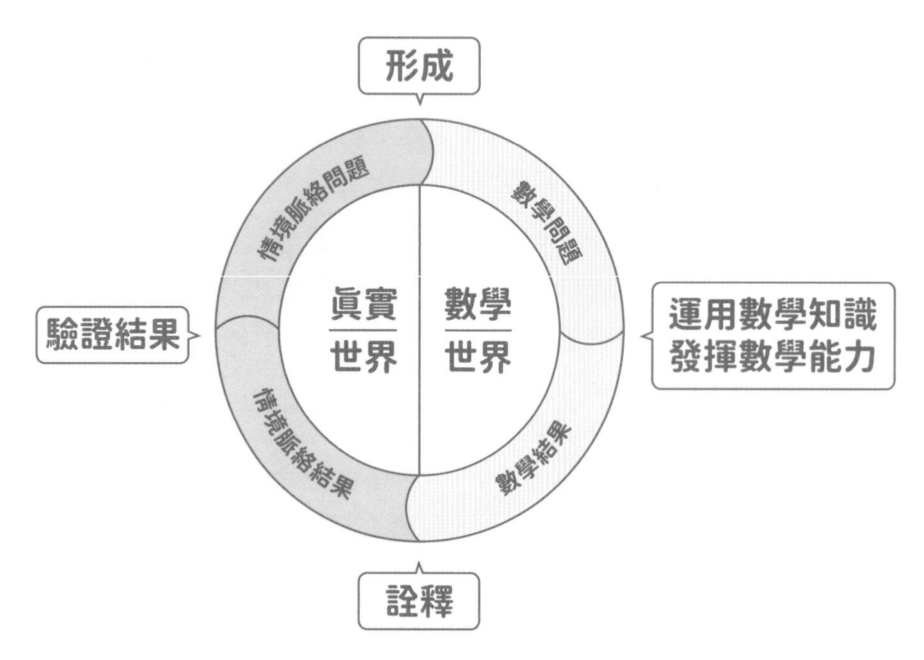

數學素養題型的思考歷程

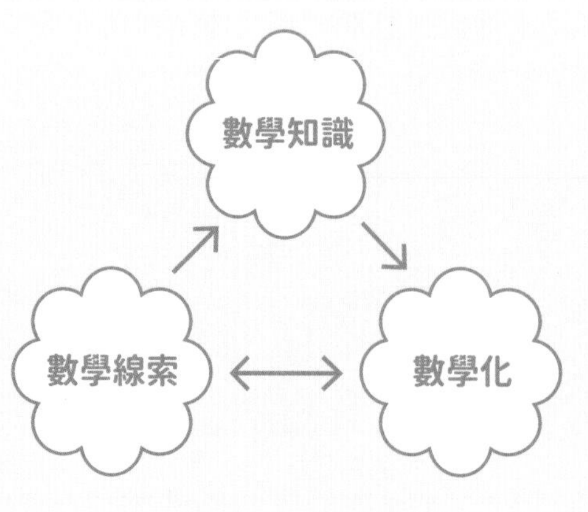

從真實世界形成數學問題
進入數學世界的歷程

形成

過往教學常注重「解決數學問題」。素養導向則強調真實世界到數學世界的「形成」——發現數學線索、連結數學知識，進而數學化問題。

數學素養題型的兩大特色

多樣化豐富情境

本團隊累積逾千篇數學生活文章，轉換之題組涵蓋PISA四大情境：個人、職業、社會、科學。

探究式題組

引導學生思考、分析情境、選擇工具、形成問題、運算，得到答案後詮釋情境。

數感不是獨特的天賦，需要的只是有方法的引導與適量的練習。數學素養題型基於豐富的素材、設計活潑的情境，提供細緻的探究歷程。學生可以自學，定期練習。老師也能於教學中活用，直接作為評量或改編為課堂教案。我們期許這項服務能作為現場老師因應數學素養的強力後盾。

作答說明

是非題	選擇題	非選擇題
每題包含 是 否 兩個選項。 請根據題意，從兩個選項中選出一個正確或最佳的答案。	每題包含 A)、B)、C)、D) 四個選項。 請根據題意，從四個選項中選出一個正確或最佳的答案。	請根據題意，將解題過程與最後答案，清楚完整地寫在試題下方作答欄位中。

每道題組建議作答時間：15~20分鐘

基礎數學知識複習

生活情境題組&國中知識連結

基礎數學
知識複習

LESSON
數字與運算

分數

【分數表示法】

① 請在括號中填入正確的分數：

0　1　2　3

(　　) (　　) (　　) (　　)

【假分數與帶分數】

① 下面的圖是幾杯水？請用帶分數和假分數表示。

帶分數：________ 杯　假分數：________ 杯

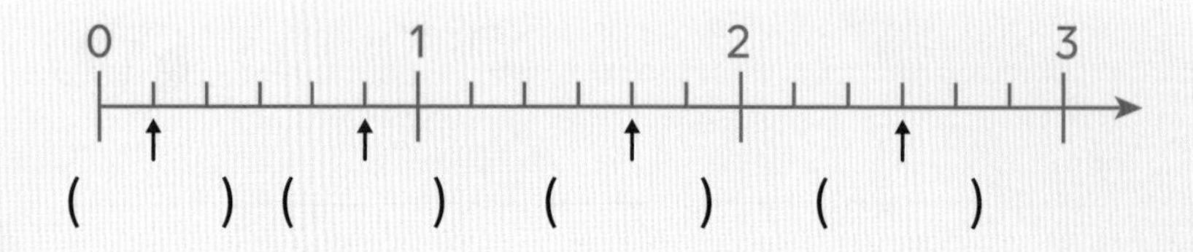

【擴分與約分】

① $\frac{15}{9} = \frac{(\quad)}{3} = \frac{25}{(\quad)}$

② 請將 $\frac{42}{105}$ 化為最簡分數：________

③ 把 5 公斤的巧克力平分成 11 包，7 公斤的糖果平分成 15 包，各取 1 包，請問哪種食物比較重？

【分數的加減】

① $6\frac{4}{15}+7\frac{12}{15}=$ ______

② $\frac{1}{3}+\frac{2}{5}=$ ______

③ $5\frac{2}{7}-1\frac{3}{5}=$ ______

④ 姐姐今天喝了 $1\frac{3}{8}$ 公升的水，弟弟今天喝了 $2\frac{1}{8}$ 公升的水，則弟弟比姐姐多喝了______公升？

⑤ 有 1 袋 60 顆裝的軟糖，小安吃了 $\frac{1}{4}$ 袋，小恩吃了 $\frac{2}{12}$ 袋，小宜吃了 $\frac{1}{3}$ 袋，則袋中還剩下 ______ 顆軟糖。

⑥ 小仲練習賽跑，上午跑了 $\frac{7}{9}$ 公里，下午跑了 $\frac{18}{15}$ 公里，共跑了______ 公里。

【分數的乘除】

① $\frac{11}{8}\times 4=$ ______

② $\frac{7}{11}\times\frac{44}{21}=$ ______

③ $2\frac{4}{5}\times\frac{7}{4}=$ ______

④ $\frac{4}{3}\times\frac{7}{5}$ 的計算結果，會比 $\frac{4}{3}$ 還要 大 小（請在空格中打✓）

⑤ $4\frac{2}{7}\div\frac{5}{7}=$ ______

⑥ $2\frac{1}{3}\div 4\frac{1}{5}=$ ______

( ) ⑦ $\frac{1}{7}$ 除以真分數，其商比原分數如何？

A 小

B 相等

C 大

D 不一定

⑧ 有 1 桶 30 公升的大豆沙拉油，每 $\frac{4}{5}$ 公升裝成 1 瓶，可裝成＿＿＿＿＿瓶，還剩下＿＿＿＿公升。

⑨ 小威早上去爬山，已經走了 540 公尺，還剩下 $\frac{2}{5}$ 的路程，則原本的路程總長是＿＿＿＿公尺。

小數

【分數與小數的換算】

① $\frac{3}{5}=\frac{60}{100}=\frac{6}{(\quad)}$

＝＿＿＿＿個 0.01

＝＿＿＿＿（請用小數作答）

② 下列 4 個數當中，與 7.07 相等的為＿＿＿＿＿

A $7\frac{7}{10}$

B $7\frac{7}{100}$

C $\frac{707}{10}$

D $\frac{707}{100}$

【小數的點數順序】

① 請在下圖的數線上，標示出 10.05、10.12：

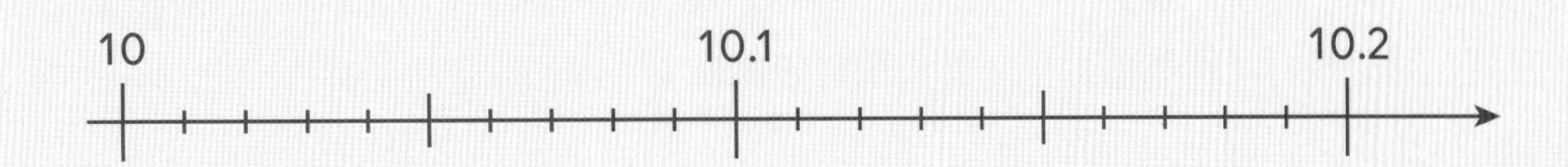

【小數的比大小】

① A＝3.092，B＝3.0093，則 ______ 比較大。

【加減計算題】

① 23.81－2.1＝ __________

② 34.45－29.58＝ __________

③ 4.675＋12.4285＝ __________

④ 27.3－5.2137＝ __________

【乘除計算題】

① 12.37×51＝ __________

② 30.1×1.5＝ __________

③ 68×31 是 0.68×31 的 __________ 倍。

④ 0.006×30＝ __________

⑤ 15.6÷12＝ __________

⑥ 127÷125＝ ________

⑦ 57.24÷10.8＝ ________

⑧ 請比較以下兩數的大小，並在空格中填入 ＞、＝ 或 ＜：

0.12÷0.12 ☐ 0.12

【乘除應用題】

① 阿達參加競走活動，1 小時可走 4.12 公里。如果用同樣的速度走 12 小時，共可走 ______ 公里。

② 阿德買了 6 大袋米，每袋重 4.22 公斤。將所有米平分成 10 包，則每包米重 ______ 公斤。

③ 佳佳煮了 13 公升的紅茶，每 0.45 公升裝成 1 杯，可裝成 ______ 杯，還剩下 ______ 公升。

四則運算

【四則混合計算題】

① 45×(74－58)＝ ________

② 268＋32×5＝ ________

③ 14＋91÷7＝ ________

(　)④ 下列哪個算式，省去括弧後，答案會改變？

Ⓐ $945 \times (75 \times 4)$

Ⓑ $(8868 + 1539) + 788$

Ⓒ $840 \div (32 \div 8)$

Ⓓ $(5674 - 1325) - 2274$

⑤ $157 \times 328 - 57 \times 328 =$ ＿＿＿＿＿

⑥ $8800 \div 25 \div 4 \div 8 =$ ＿＿＿＿＿

【四則混合應用題】

① 1 瓶牛奶 93 元，小彩買了 6 瓶，付了 1000 元，可找回幾元？請列出 1 個完整的式子並計算出答案。

② 依芸帶 10000 元買了 1 副 1998 元的耳機、2 件 599 元的衣服與 1 台 3980 元的印表機，則他還剩下＿＿＿＿＿元。

【分數與小數的混合計算】

① $18\frac{2}{7} - 6\frac{3}{7} \times 2\frac{1}{3} =$ ＿＿＿＿＿

② $\frac{5}{14} \times 2\frac{1}{10} + 5\frac{1}{2} =$ ＿＿＿＿＿

③ $120 + 2.4 \times 12 \div 0.4 =$ ＿＿＿＿＿

④ $0.5\times(\frac{2}{5}+1.6)=$ ＿＿＿＿＿

⑤ 弟弟的身高是 0.85 公尺，爸爸的身高是弟弟的 2 倍多 0.18 公尺，則爸爸的身高是＿＿＿＿＿公尺。

⑥ 有 1 箱柳丁，每公斤賣 $30\frac{1}{2}$ 元，上午賣出 $\frac{5}{8}$ 箱，下午賣出剩下的 $\frac{1}{3}$，共賣出 1830 元，則這箱柳丁共重＿＿＿＿＿公斤。

(　)⑦ 阿媗的 5 次考試中，前 3 次考試的平均分數是 70 分，後 2 次考試的平均分數是 80 分，則 5 次考試的平均分數是多少分？

Ⓐ 78

Ⓑ 76

Ⓒ 74

Ⓓ 72

⑧ 將 1 根旗桿插在土裡，土裡的部分剛好是全長的 $\frac{4}{7}$ 倍，露出來的長度是 11.7 公尺，則這根旗桿全長是＿＿＿＿＿公尺。

NOTE

LESSON
基準量與比例

單位換算

【長度】

① 3 公尺＝＿＿＿＿＿ 公分＝＿＿＿＿＿ 毫米

② 17098 公尺＝＿＿＿＿＿ 公里 ＿＿＿＿＿ 公尺

【重量】

① 1 公斤＝＿＿＿＿＿ 公克

② 11 公噸＝＿＿＿＿＿ 公斤

【容量】

① 如右圖，在 1 張長方形厚紙板的 4 個角剪去邊長 4 公分的正方形後，摺成 1 個紙盒，則這個紙盒的容積是 ＿＿＿＿＿ 立方公分。

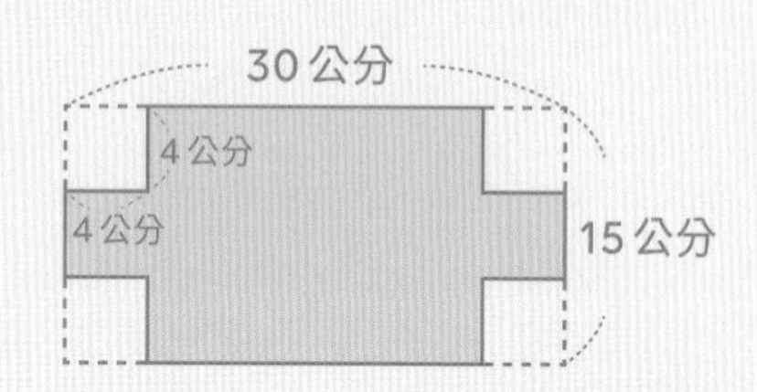

② 豪哥有 1 個 3 公分厚的無蓋木盒，外面的長度標示如右圖，則這個木盒的容積是 ＿＿＿＿＿ 立方公分。

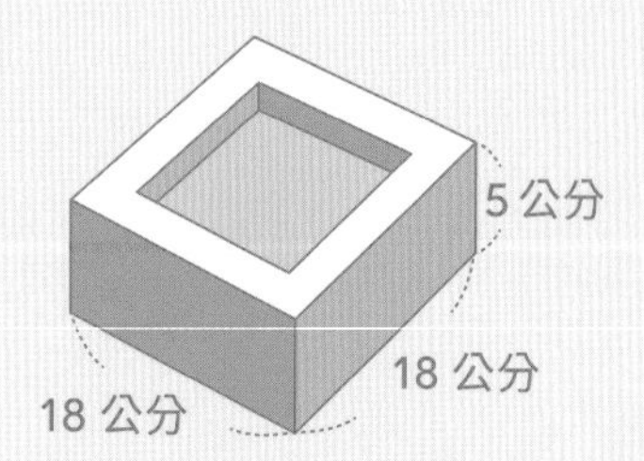

③ 有 1 個正方體容器，裡面邊長 12 公分，裝有 7 公分高的水。放入石塊完全沉入後，水位上升到 10 公分，則石塊的體積是 ＿＿＿＿＿ 立方公分。

時間

【時間的換算】

① 58 小時＝________日________小時

② 256 分鐘＝________小時________分鐘

③ 2 小時＝________秒

④ 3 小時 15 分鐘＝________小時（以小數表示）

【時間的加減乘除】

① 4 日 11 時－20 時＝________日________時

② 5 分 39 秒 ＋ 7 分 46 秒 ＝________分________秒

③ 3 月 21 日上午 11 時 00 分，中央氣象局發布了 30 小時的豪雨特報，則解除豪雨特報的時間在________月________日________時________分。

④ 2 日 15 時 ÷7＝________日________時

⑤ 4 分 21 秒 ×6＝________分________秒

因倍數

【因數與倍數】

① 24 有__________個因數，在 1 ～ 100 內有__________個倍數。

② 請寫出 50 的所有因數：______________________________

③ 請在下列數字中，分別找出 3、5、10 的倍數：
155、420、2130、2233、2511、3278、4444、5005、6192、9983

3 的倍數：______________________________

5 的倍數：______________________________

10 的倍數：______________________________

【公因數與公倍數】

① 請列出 12 與 42 的公因數：______________________________

② 小明有四十幾片餅乾，每 3 個分裝成 1 袋，剛好分完，每 5 個分裝成 1 袋，也剛好分完，則小明可能有__________片餅乾。

③ 用長 8 公分、寬 6 公分的長方形，拼成 1 個正方形，則正方形的邊長最小是__________公分，共需要__________個長方形。

【質因數分解與短除法】

① 請舉一例說明：2 個互質的數不一定都是質數。

② 請寫出 1～20 的的質數：

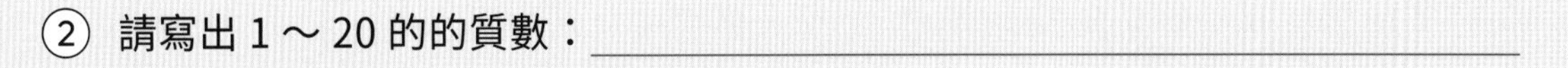

③ 利用短除法，做 60 的質因數分解。

④ 利用短除法，求 84 與 48 的最大公因數與最小公倍數。

比

【比率與百分率】

① $\frac{3}{10}$ = ________ (以小數表示)

= ________ (以百分率表示)

② 梅莉國小有 300 名學生，其中 165 名學生是男生。梅莉國小的學生中，男生占的比率為________

③ 五年四班全班有 25 人，今天的出席率是 80%，則今天有________人缺席。

④ 爸爸用紅茶、鮮奶與開水調成 700c.c. 的奶茶，其中紅茶占 $\frac{4}{7}$、鮮奶占 35%，則奶茶中有開水 ＿＿＿＿＿ c.c.

⑤ 濃度 95% 的酒精溶液 200 毫升與濃度 75% 的酒精溶液 600 毫升混合後，會變成濃度 ＿＿＿＿＿ % 的酒精溶液。(濃度 95% 的酒精溶液表示 100 毫升的酒精溶液中含有 95 毫升的酒精)

【打折】

(　) ① 40000 元的筆電要打折出售，請問下列哪種折價方式對消費者最划算？

A 打 75 折

B 35% off

C 原價七成

D 原價少兩成

② 苑林國小園遊會，三年甲班、四年甲班、五年甲班 3 班進行夏日飲料大促銷，每瓶飲料原價 20 元，每班的折扣都不同。柚子想到其中一班買 4 瓶飲料，則買 ＿＿＿＿＿ 年甲班的飲料最便宜。

三年甲班	買 2 瓶，打 7 折
四年甲班	買 2 瓶，第二瓶打 6 折
五年甲班	買 3 瓶送 1 瓶

【比與比值】

① 3：8＝9：________

② 將 $\frac{2}{5}$：1.1 化成最簡整數比 ＝ ________：________

③ 已知鮮奶茶可用鮮奶跟紅茶調成。有 1 杯 $1\frac{4}{21}$ 公升的鮮奶茶，裡面有 $\frac{5}{7}$ 公升的鮮奶，則鮮奶占鮮奶茶的比率為________，紅茶占鮮奶茶的比率為________

④ 蘋果國小的男女比是 4：5，有 324 位男生，________ 位女生。

⑤ 冬瓜綠茶中冬瓜茶與綠茶的比例是 2：3，如果要調配出 300 毫升的冬瓜綠茶，需要________ 毫升的冬瓜茶與 ________毫升的綠茶。

⑥ 下面有 2 個三角形，邊長如圖所示。
(1) A 周長對 B 周長的比為 ________，比值為________
(2) B 面積對 A 面積的比為 ________，比值為________

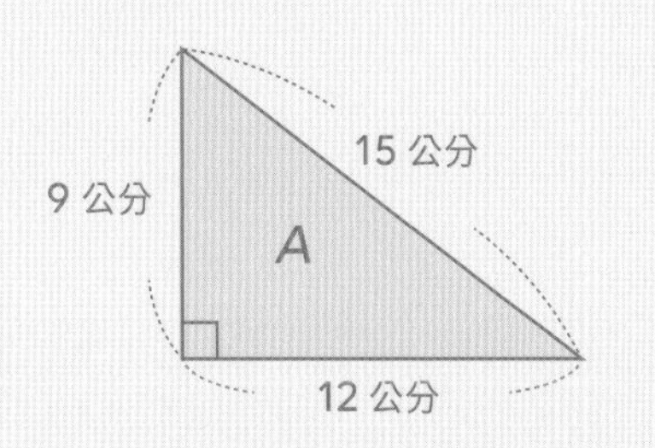

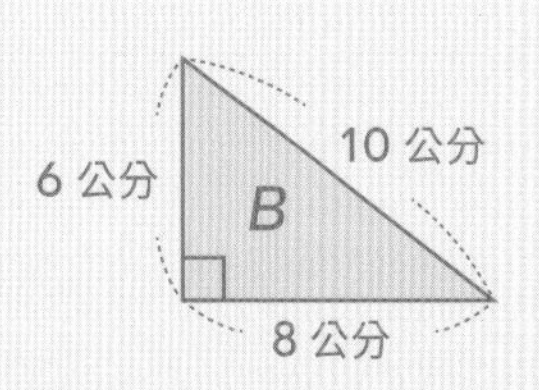

【正比】

① 長度為 150 公分的木棍，影長約 40 公分。在同一時刻，樹影長約 600 公分，則這棵樹有多高？

② 下面是汽車行駛的時間與距離關係表。

時間（小時）	1	2	3	4	5	6
距離（公里）	80	160	240	320	400	480

(1) 根據表內資料畫成的關係圖，應為下圖中的①～④中的哪 1 條？

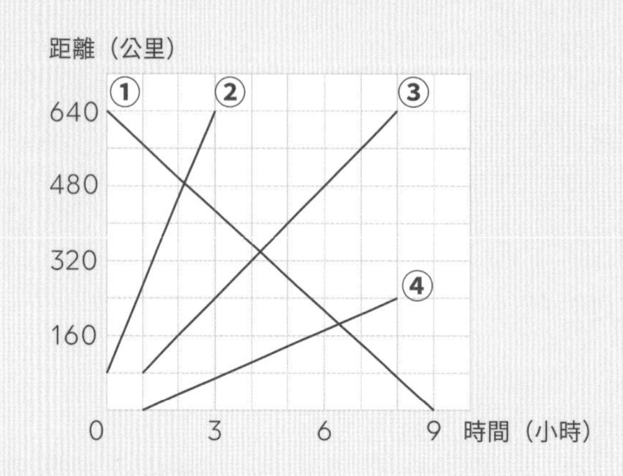

(2) 請問汽車行駛的時間與距離是否成正比？為什麼？

( ) ③ 下列哪組數值會成正比關係？

A 正方形的「邊長」與「面積」

B 小祥的「身高」與「體重」

C 「父親的年齡」與「女兒的年齡」

D 足球的「顆數」與「總價」

【基準量與比較量】

( ) ① 「爸爸到市場買菜用掉 42 元，買肉用掉 105 元，買餅乾用掉 70 元。買肉的錢是買菜錢的幾倍？」請問這個題目中的基準量為下列何者？

A 42

B 70

C 105

D 217

② 今年雞蛋每台斤 35.2 元，比去年漲了 1 成，則去年的雞蛋每台斤為＿＿＿＿元。

③ 小花的房租是薪水的 $\frac{2}{5}$ 倍，小花拿薪水繳完房租後，剩下 17700 元，則小花的薪水為＿＿＿＿元。

④ 有甲、乙兩數，兩數的差是 42，乙是甲的 0.7 倍，則甲、乙兩數的和為＿＿＿＿

【縮圖與比例尺】

(　　) ① 已知甲圖是乙圖的 4 倍放大圖，則乙圖的面積是甲圖面積的幾倍？

Ⓐ 4

Ⓑ 16

Ⓒ $\frac{1}{4}$

Ⓓ $\frac{1}{16}$

② 將下列比例尺用圖示的方法表示：

(1) $\frac{1}{5000}$

0　　　　　(　　　　) 公尺

(2) 1:800000

0　　　　　　　　　(　　　　) 公里

③ 從火車站到學校的實際距離為 4.5 公里，在比例尺 0　500 公尺 的地圖上長約 ＿＿＿＿＿ 公分。

④ 有 1 塊三角形土地，在比例尺 1：200 的地圖上，用尺量得底為 5 公分，高為 7 公分，則實際面積為＿＿＿＿＿ 平方公尺。

⑤ 甲圖是乙圖的 $\frac{1}{3}$ 倍縮圖，請看圖回答下列問題：

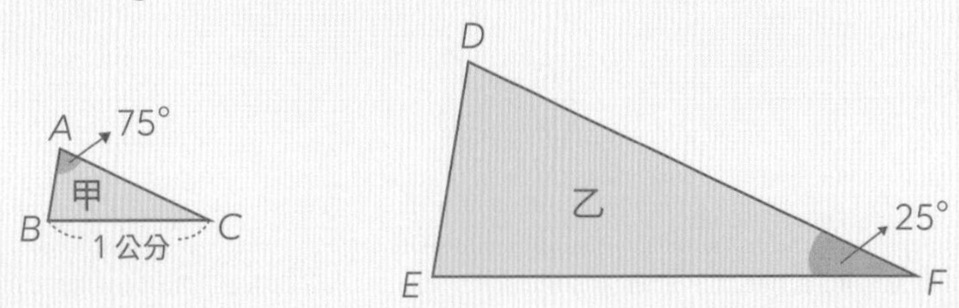

(1) E 點的對應點為＿＿＿＿＿＿點。

(2) $\overline{AB}$ 的對應邊為＿＿＿＿＿＿

(3) ∠D 為＿＿＿＿＿＿度。

(4) 甲圖的面積為乙圖面積的＿＿＿＿＿＿倍。

⑥ 請畫出下圖的 2 倍放大圖：

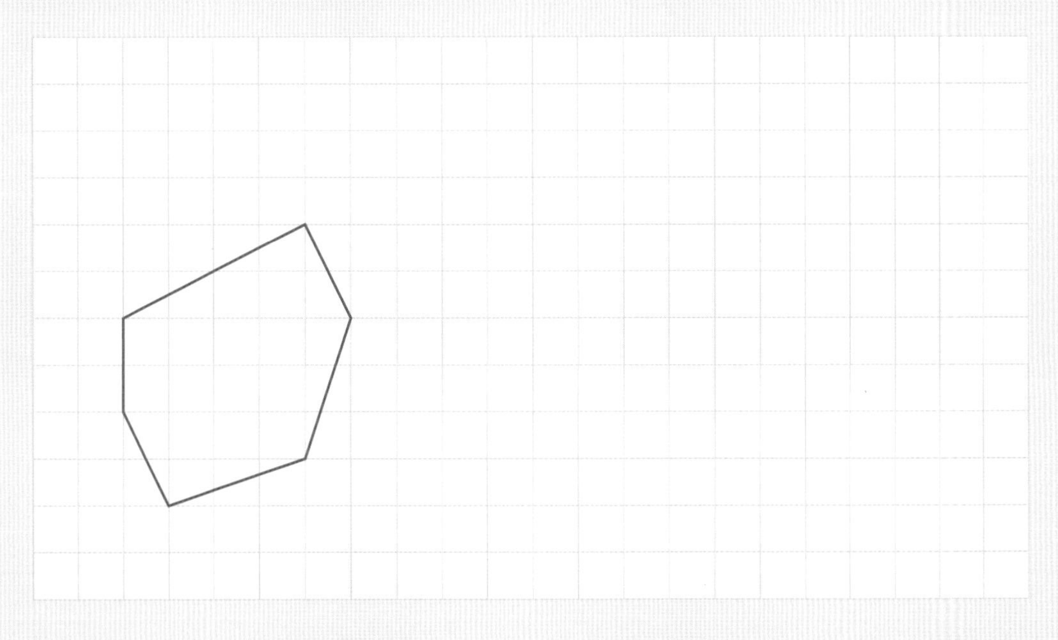

LESSON
綜合能力

速率

【速率的計算】

① 大吉開車開了 2 個小時，共開了 68 公里，則他的平均速率為時速________公里。

② 4 公尺 / 秒＝__________公里 / 小時

③ 阿傑去登山，從山底到山頂的距離是 2 公里。已知他上山花了 2 小時，下山花了 1 小時 20 分，則他的平均速率為__________公尺 / 分。

(　)④ 下表是小喆跟同學賽跑的紀錄。請問誰的速率最快？

姓名	小喆	小炘	小駿	小叡
項目	100 公尺	200 公尺	400 公尺	800 公尺
時間	25 秒	1 分 28 秒	2.5 分	4 分 58 秒

Ⓐ 小喆

Ⓑ 小炘

Ⓒ 小駿

Ⓓ 小叡

⑤ 凱特騎車的時速是 48 公里，平時從甲地到乙地要騎 3.5 小時，現在因有急事須在 3 小時內到達，則凱特騎車的時速至少要__________公里才能及時趕到。

【速率的應用】

① 小柯和小白分別從 A、B 兩地同時相向出發。已知小柯的速率是小白的 3 倍，雙方始終維持相同的速率行走，且兩地相距 2 公里 60 公尺。請問兩人相遇時，小柯走了多遠的距離？

② 小新每分鐘走 72 公尺，小光每分鐘走 60 公尺。如果小光先走 5 分鐘，小新才從後面追趕，則＿＿＿＿＿分鐘後，小新才會追上小光。

③ 已知 1 輛火車長 40 公尺，山洞長 135 公尺。如果火車的秒速是 25 公尺，則從火車頭進山洞到火車尾出山洞，共需花費＿＿＿＿＿秒。

怎樣解題

【列式】

(　)① 「已知貼紙有 76 張，分給 a 位學生，若每位學生拿到 6 張，還剩下 4 張，則學生有多少位？」可以怎麼列式？

Ⓐ $6\times a+4=76$

Ⓑ $6\times a-4=76$

Ⓒ $6\times a\times 4=76$

Ⓓ $6\times a\div 4=76$

② 有 1 個二位數，它的十位數字是 a，個位數字是 7，則這個二位數能用含有未知數的式子表示成__________

【解出未知數】

① $41 \times a = 738$，則 a＝__________

② $b - 826 = 1356$，則 b＝__________

【列式並解題】

① 小華用 b 張伍佰元的圖書禮券和 7 張壹佰元的圖書禮券，剛好可買 1 套 3200 元的書籍。依題意列出含有未知數的式子。

② 公車上原有 49 人，a 人下車後，又上來 8 人，現在公車裡有 52 人，則剛才有多少人下車？

③ 平安國小學生人數的 $\frac{4}{7}$ 倍是男生人數，男生有244人，請問平安國小男生與女生相差多少人？

【規律問題】

① 遊覽車的座位安排如下圖，其中 1～4 號為第一排，5～8 號為第二排，依此類推，則 37 號的座位在第________排，靠近 ○ 走道 ○ 窗戶 的位置。

窗戶			走道			窗戶
	1	3		2	4	
	5	7		6	8	
	9	11		10	12	
	13	15		14	16	

② 用火柴棒排出下圖相連的長方形。如果有 80 根火柴棒，最多可排出________個長方形，還剩下________根火柴棒。

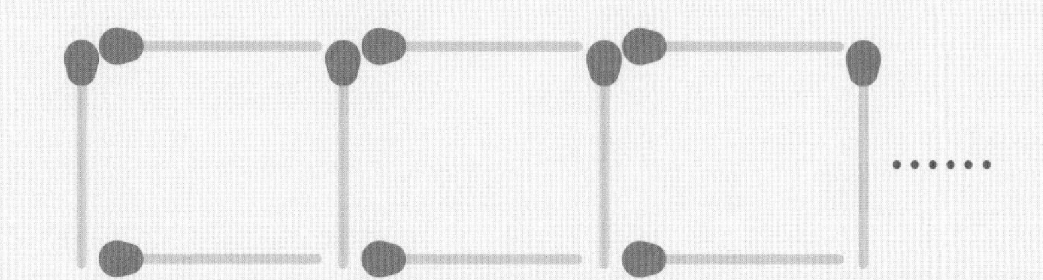

③ 聚餐時，將 10 張餐桌橫著排列，如下圖，假設全部坐滿，則共可坐________人。

【方陣問題】

① 每邊排 7 個花片，排成 1 個空心正五邊形，共需要__________個花片。

【年齡問題】

① 爸爸今年 40 歲，俊威今年 4 歲， 則再過______年，爸爸的年齡是俊威的 4 倍。

【雞兔同籠】

① 已知 1 顆巧克力賣 8 元，1 顆黃金糖賣 5 元。小方買巧克力與黃金糖共 40 顆，花了 290 元，則小方買了_________顆巧克力，________顆黃金糖。

NOTE

LESSON
幾何

角

【角度加減】

① 下圖中，角ㄅ為＿＿＿＿＿度；角ㄆ為＿＿＿＿＿度。

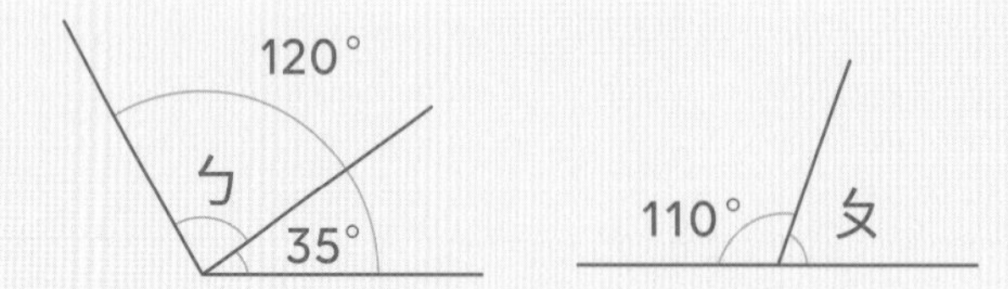

【測量角】

① 下圖中，量角器所量的這個角為＿＿＿＿＿度。

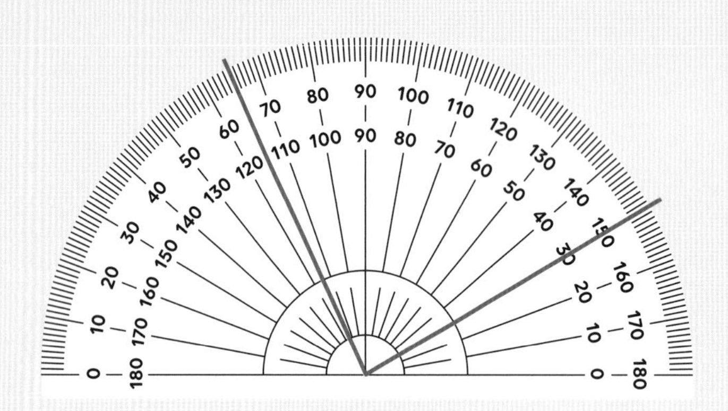

【繪製角】

① 請以下面黑線為邊，用量角器畫出 135 度的角。

三角形

【三角形的性質】

① 下面各組長度中，若可以組成 1 個三角形的三個邊，請在 裡打✓

(1) 5 公分、1 公分、5 公分

(2) 1.5 公分、3 公分、5 公分

(3) 4 公分、5 公分、10 公分

(4) 6 公分、6 公分、6 公分

② 下圖中，括號中的度數為________度。

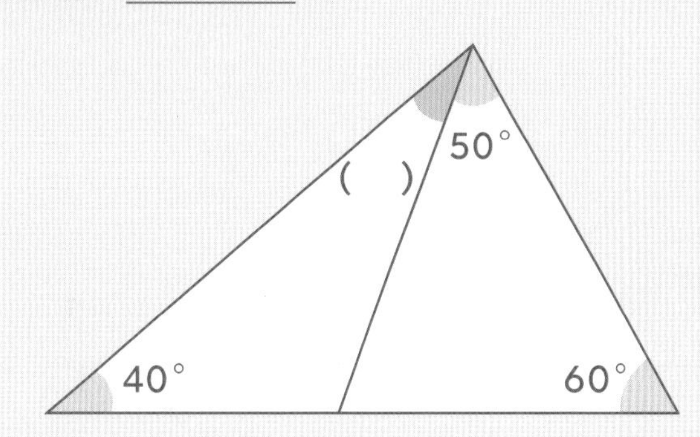

四邊形

【四邊形的性質與分類】

① 在下列圖形的空格中，填入所有符合的特質代號：

A：四邊等長　　B：對角相等　　C：四個角都是直角

D：兩雙對邊平行　　E：只有一雙對邊互相平行

(1) 正方形：________________

(2) 長方形：________________

(3) 平行四邊形：________________

(4) 梯形：________________

(5) 菱形：________________

② 將下圖的長方形沿線剪成 2 個全等的直角三角形。

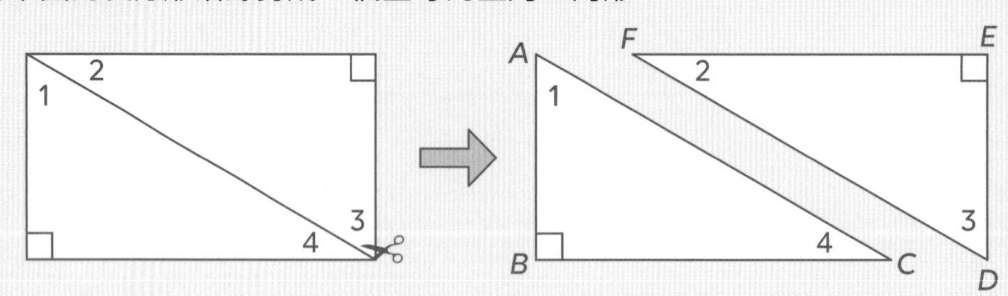

(1) 角 3 的對應角為角________

(2) 角 4 為 30 度，則角 2 為________度。

(3) $\overline{BC}$ 的對應邊為________

多邊形

【多邊形的性質】

① 右圖這個多邊形，可分成______個三角形，
內角總和為______度。

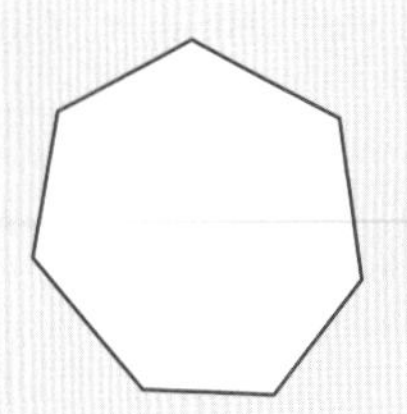

圓

【圓的基本構成要素】

① 請用圓規畫出 1 個半徑 3 公分的圓，並將圓的 $\frac{1}{2}$ 塗上顏色。

② 右圖中，小圓的半徑為______公分，
大圓的直徑為______公分。

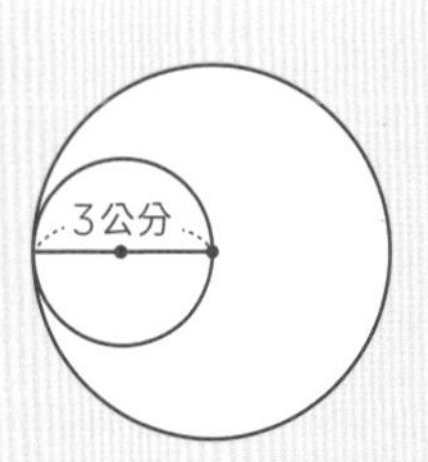

【圓周率與圓面積】

① 右圖是 1 個直徑 9 公分的圓，它的面積
大約為______平方公分。

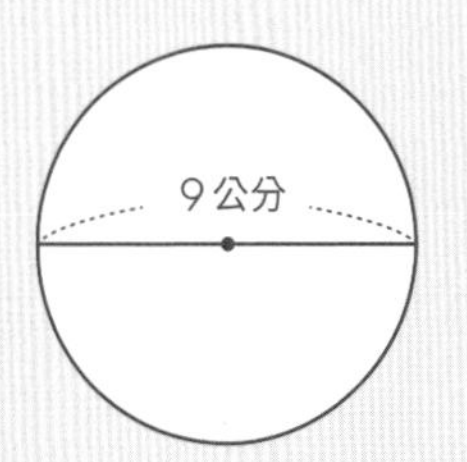

② 如果 1 個圓的直徑變成原來的 2 倍，則圓周長會變成原來的＿＿＿＿倍；如果是半徑變成原來的 2 倍，則圓周長會變成原來的＿＿＿＿倍。

③ 如果 1 個圓的半徑變成原來的 2 倍，則圓面積會變成原來的＿＿＿＿倍。

④ 有 1 座圓形城堡的直徑是 50 公尺，城堡主人想在外圍挖 1 條寬 2 公尺的護城河，則護城河的面積大約為＿＿＿＿平方公尺。

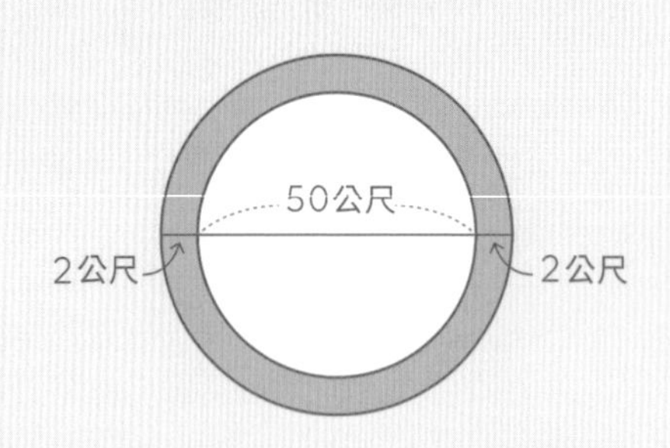

【扇形】

① 1 個周角＝＿＿＿＿度＝＿＿＿＿個平角＝＿＿＿＿個直角

② 圓心角 75 度的扇形是＿＿＿＿分之＿＿＿＿圓。

③ 畫 1 個直徑 4 公分的圓，並在圓上畫出 $\frac{3}{4}$ 圓的扇形，再將扇形塗上顏色。

④ 下圖扇形的周長大約為＿＿＿＿公分。

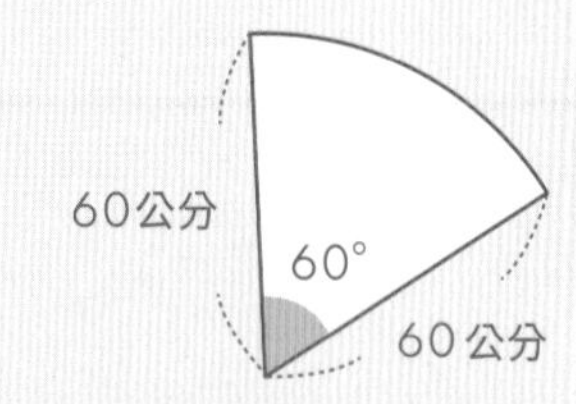

⑤ 下圖的塗色面積大約為＿＿＿＿平方公分。

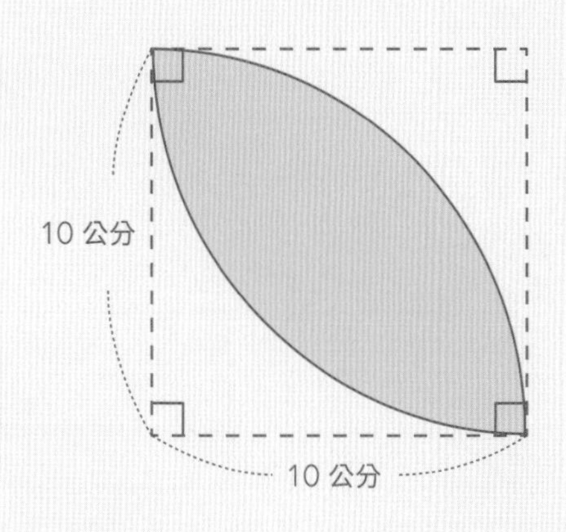

⑥ 小閔在農舍的角落，用 1 條長 20 公尺的繩子綁 1 隻狗，如下圖，則這隻狗能活動的範圍大約為＿＿＿＿平方公尺。

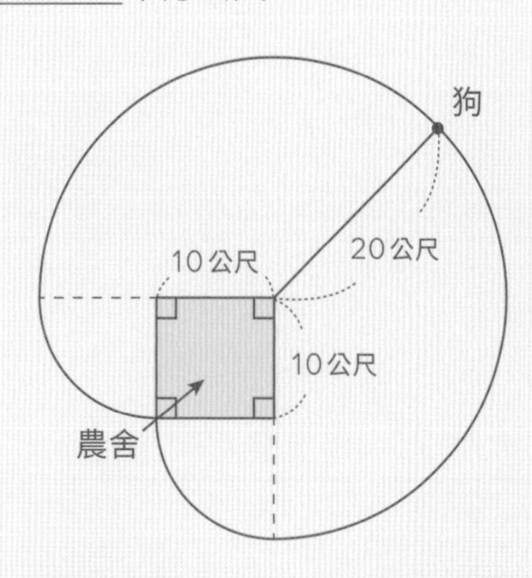

面積與周長

【1平方公分格子計算面積】

① 以下塗色圖形的面積為＿＿＿＿＿平方公分。

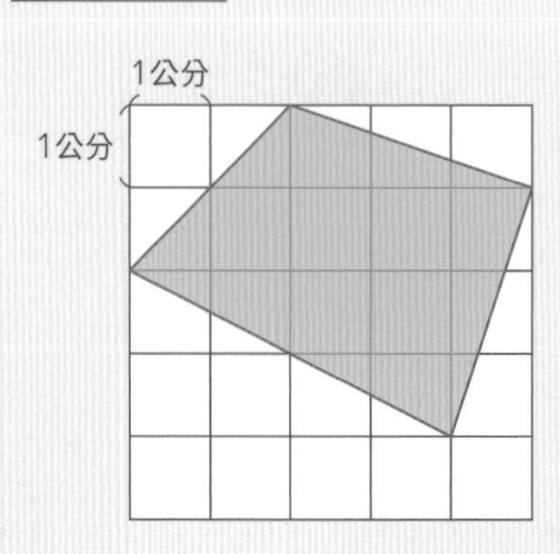

② 下圖 2 個相同的長方形被分割成不同的三角形，請比較 2 個長方形裡的塗色面積大小，並說明你如何判斷。

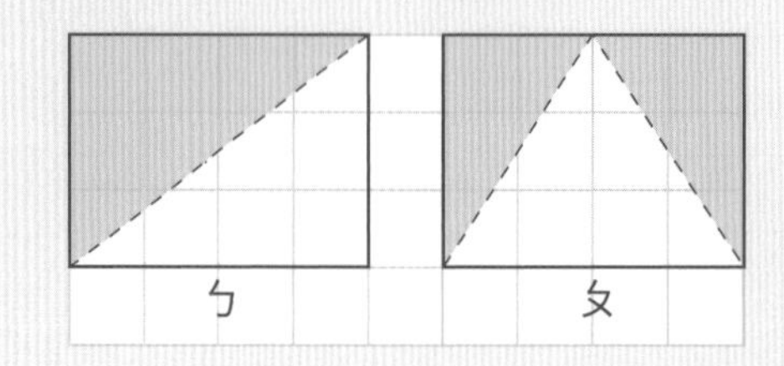

【周長與長方形面積公式】

① 有 1 個正方形的周長為 20 公尺，則它的面積為＿＿＿＿＿平方公尺。

② 如果正方形邊長變為原來的 3 倍，則周長會變為原來的＿＿＿＿＿倍，面積會變為原來的＿＿＿＿＿倍。

【平行四邊形、三角形與梯形面積公式】

① 請畫出下列圖形中指定底的高：

(1)

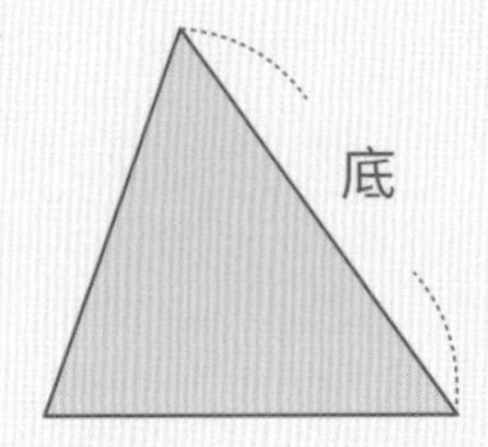

(2)

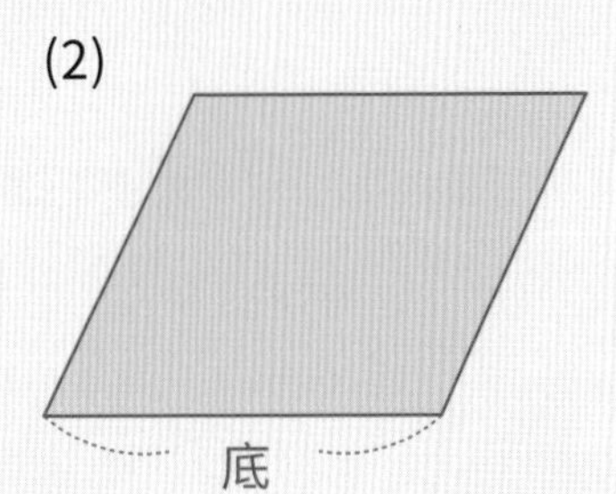

(3)

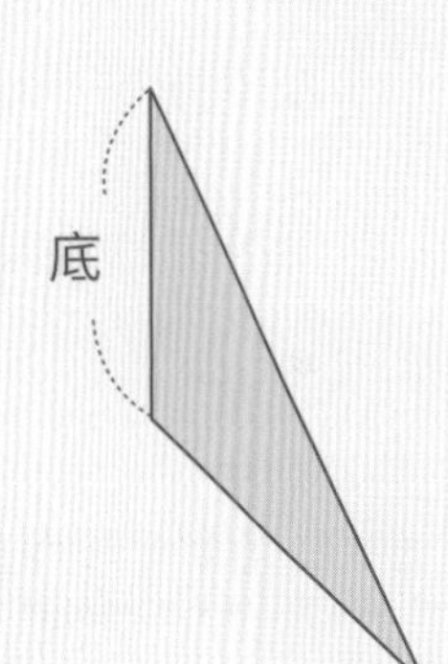

② 右圖梯形的面積為＿＿＿＿平方公分。

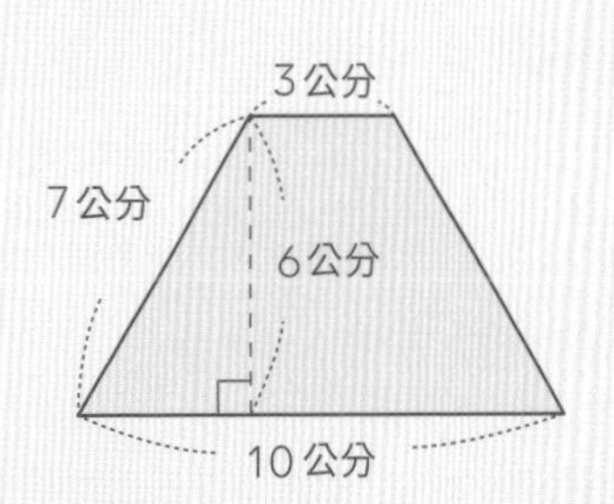

【複合圖形面積】

① 右圖的面積為＿＿＿＿平方公尺。

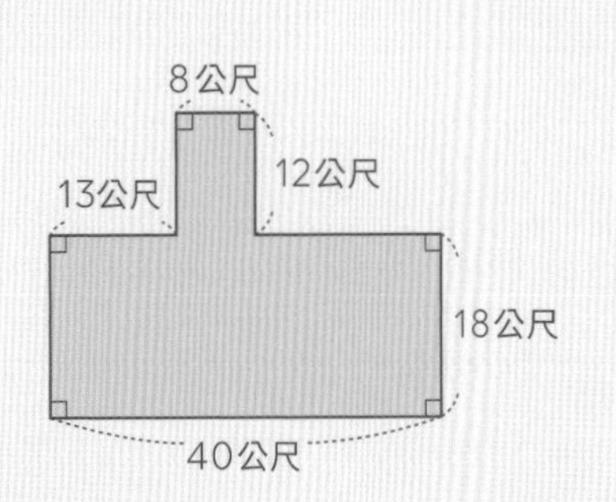

② 下圖塗色區域的面積為__________平方公尺。

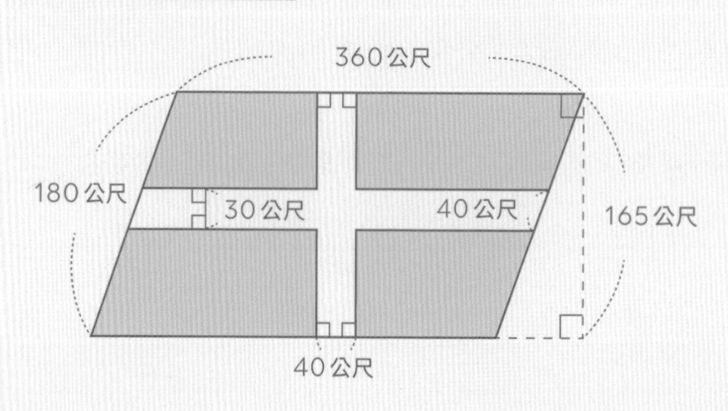

【面積單位換算】

① 4 平方公尺 48 平方公分 =__________平方公分

② 長方形的長邊 30 公尺，寬邊 40 公分，則面積為__________平方公尺。

體積與表面積

【單位換算】

① 6 立方公尺 =__________立方公分

② 7000000 立方公分 =__________立方公尺

【體積公式與表面積】

① 將下面展開圖摺成立體後，其體積為＿＿＿＿＿立方公分，表面積為＿＿＿＿＿平方公分。

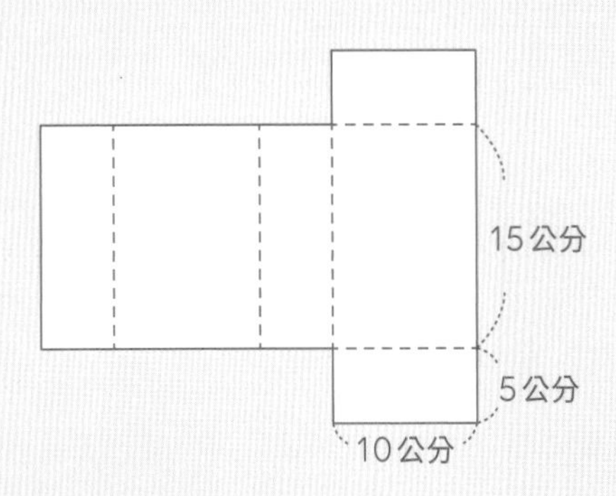

② 下面形體的體積大約為＿＿＿＿＿立方公分，表面積大約為＿＿＿＿＿平方公分。

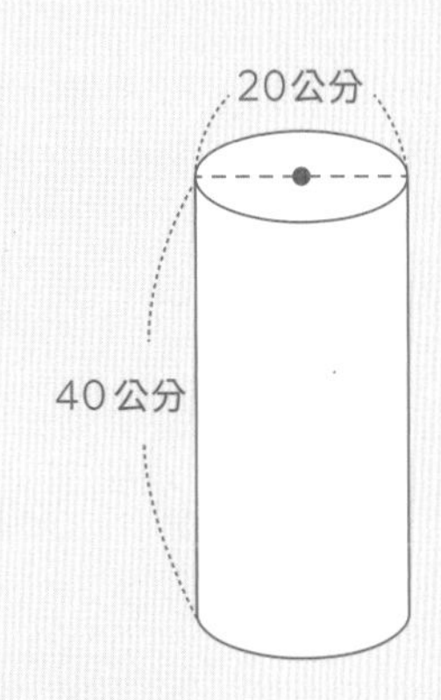

【複合形體】

① 下面形體的體積為＿＿＿＿＿立方公尺，表面積為＿＿＿＿＿平方公尺。

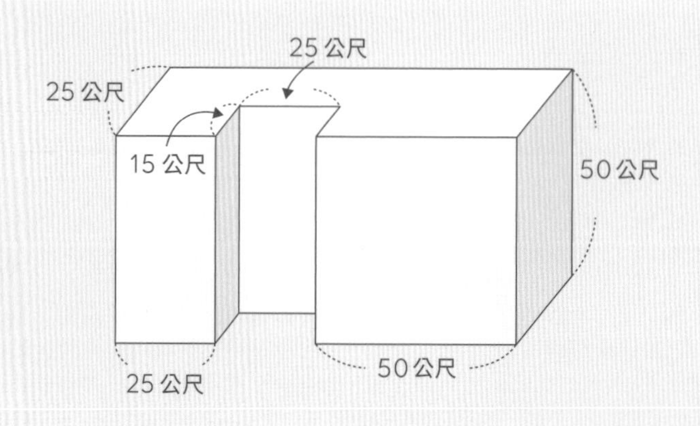

② 下圖為無蓋的圓柱玻璃容器，其玻璃部分的體積大約為＿＿＿＿＿立方公分。

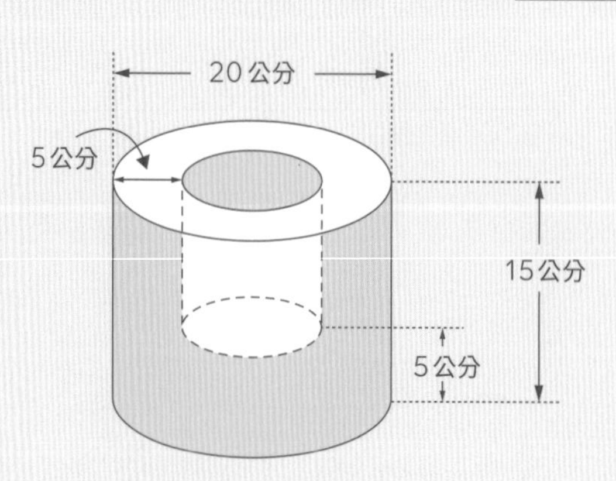

③ 下圖為階梯狀的立體圖形，其體積為 ______ 立方公分。

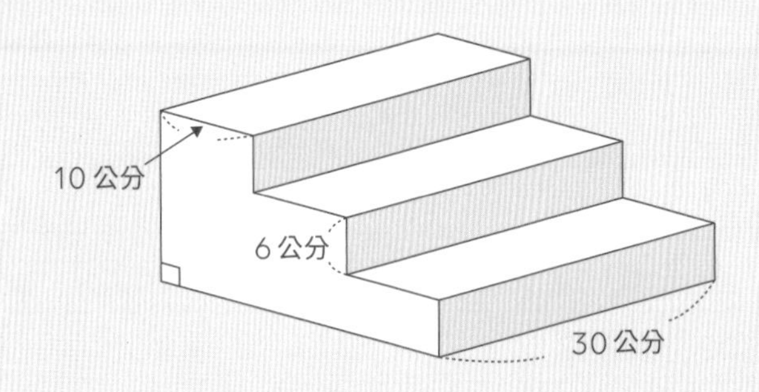

NOTE

LESSON

資料與不確定性

資料解讀

【時刻表】

① 下面是某國的列車時刻表：

註：－ 表示過站不停

車次	A市	B市	C市	D市	E市	F市	G市
565	07:27	07:39	07:49	08:03	08:33	09:15	09:25
552	07:36	07:48	-	-	08:32	-	09:11
296	08:00	08:12	-	-	08:55	-	09:34
183	08:15	08:27	-	-	09:10	09:50	10:04
405	08:27	08:39	08:49	09:01	09:30	10:12	10:25
529	09:00	09:12	-	-	09:55	-	10:34
229	09:06	09:18	09:28	09:40	10:09	10:51	11:04

(1) 小迪住在 A 市車站附近，有天要去 G 市旅遊。如果想在上午 10：00 之前到達 G 市車站，可以搭的車次為＿＿＿＿＿＿＿＿

(2) 從 A 市車站到 G 市車站所花的時間，552 車次比 565 車次快多少？

(3) 從小迪家到 A 市車站要 25 分鐘，如果想要提早 20 分鐘到車站搭乘 552 車次，小迪幾點就要從家出發？

【票價表】

① 請根據票價表，回答下列問題：

南港								
40	臺北							
70	40	板橋						
200	160	130	桃園					
330	290	260	130	新竹				
750	700	670	540	410	臺中			
1120	1080	1050	920	790	380	嘉義		
1390	1350	1320	1190	1060	650	280	臺南	
1530	1490	1460	1330	1200	790	410	140	左營

單位：元

(1) 從臺北站到臺中站的票價為＿＿＿＿＿元。

(2) 從桃園站到臺南站的票價比從板橋站到新竹站的票價多＿＿＿＿＿元。

(3) 佩潔在嘉義站買了 1 張 1120 元的票，他要搭到＿＿＿＿＿站。

【長條圖】

① 下面是新新與生生 2 家醫院合計去年新生嬰兒人數的長條圖。請根據圖，回答下列問題：

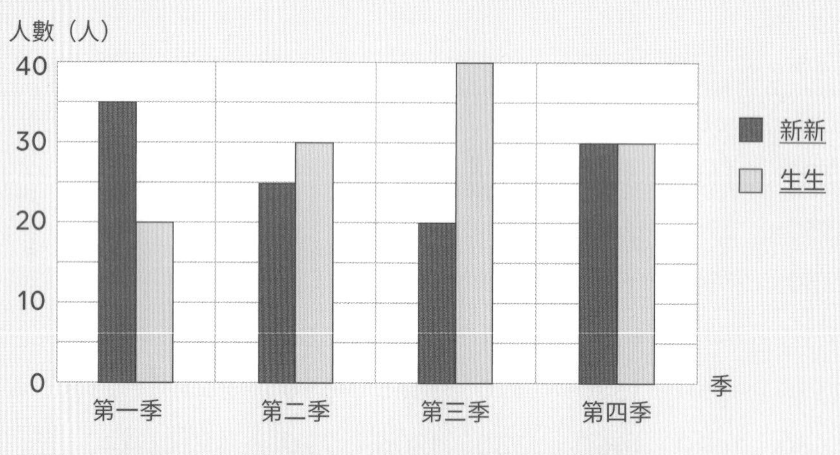

新新、生生醫院去年新生嬰兒人數長條圖

(1) 前兩季__________醫院的新生嬰兒比較多。

(2) 生生醫院在第__________季新生嬰兒最多。

(3) __________醫院去年新生嬰兒比較多。

② 下面是某校本月的資源回收統計表。

本月資源回收統計表

種類	玻璃容器	紙類	塑膠製品	鐵製品	鋁製品
重量（公斤）	32	57	41	49	45

請根據表中的資料，完成下面的長條圖。

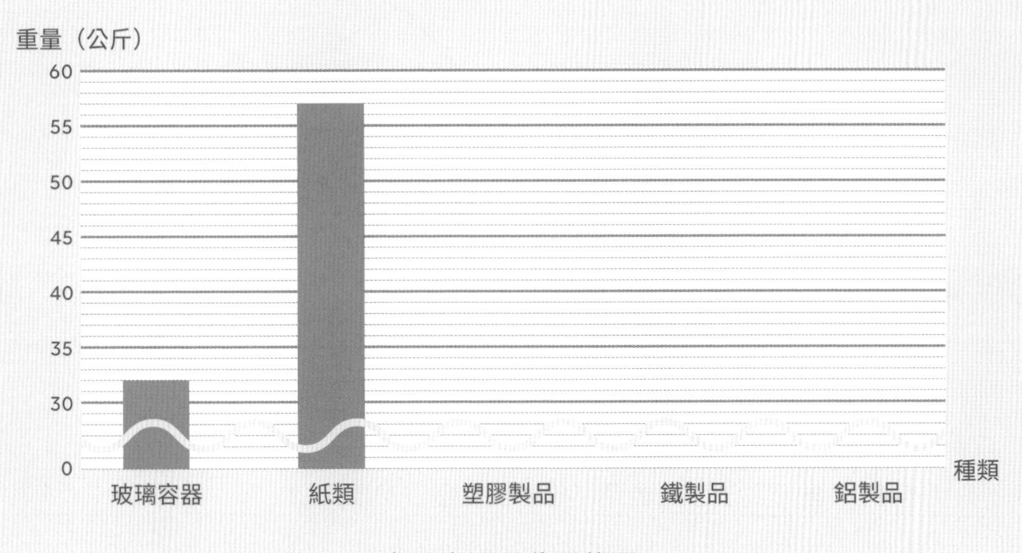

本月資源回收長條圖

【折線圖】

① 下面是我國 2022 年各月分製造業平均薪資折線圖。

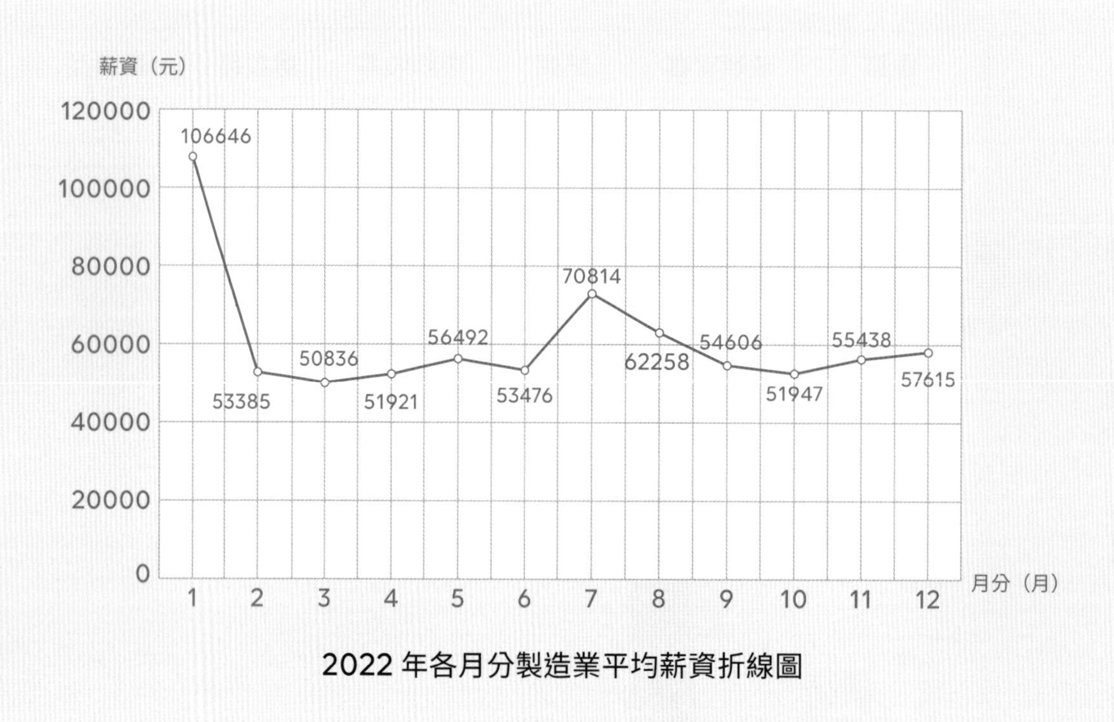

2022 年各月分製造業平均薪資折線圖

請先用四捨五入法取概數至萬位，並回答下列問題：

(1) 1 月與 2 月的製造業平均薪資相差大約＿＿＿＿＿萬元。

(2) 7 ～ 9 月的製造業平均薪資總和大約為＿＿＿＿＿萬元。

② 下面是某城市 1 ～ 12 月的平均高溫統計表。

1 ～ 12 月平均高溫統計表

月分（月）	1	2	3	4	5	6	7	8	9	10	11	12
溫度（°C）	18	19	21	25	29	31	33	33	30	27	24	20

請將表中的資料畫成折線圖。

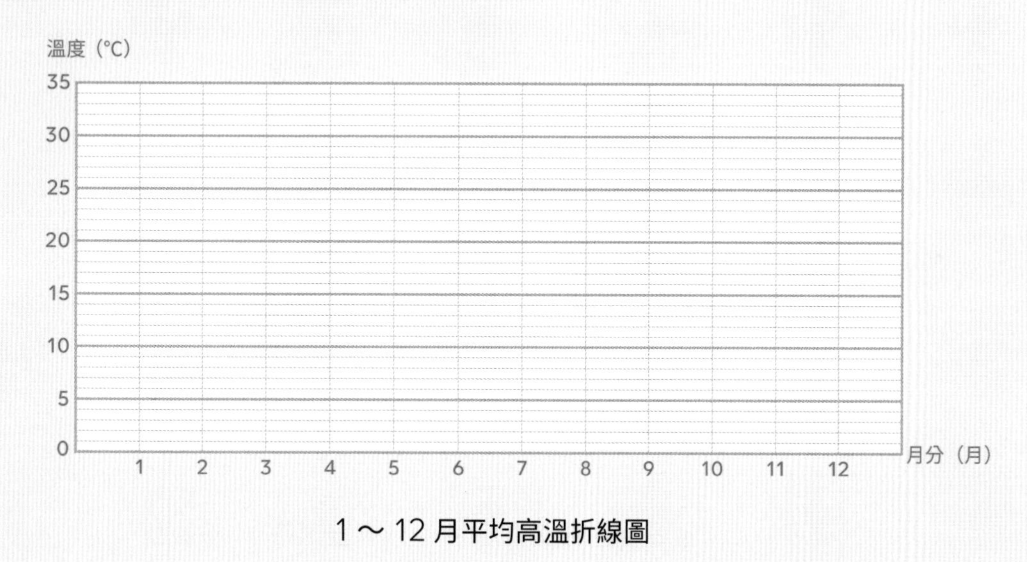

1 ～ 12 月平均高溫折線圖

【圓形圖】

① 下面是某校全體學生最喜歡顏色的百分率圓形圖。

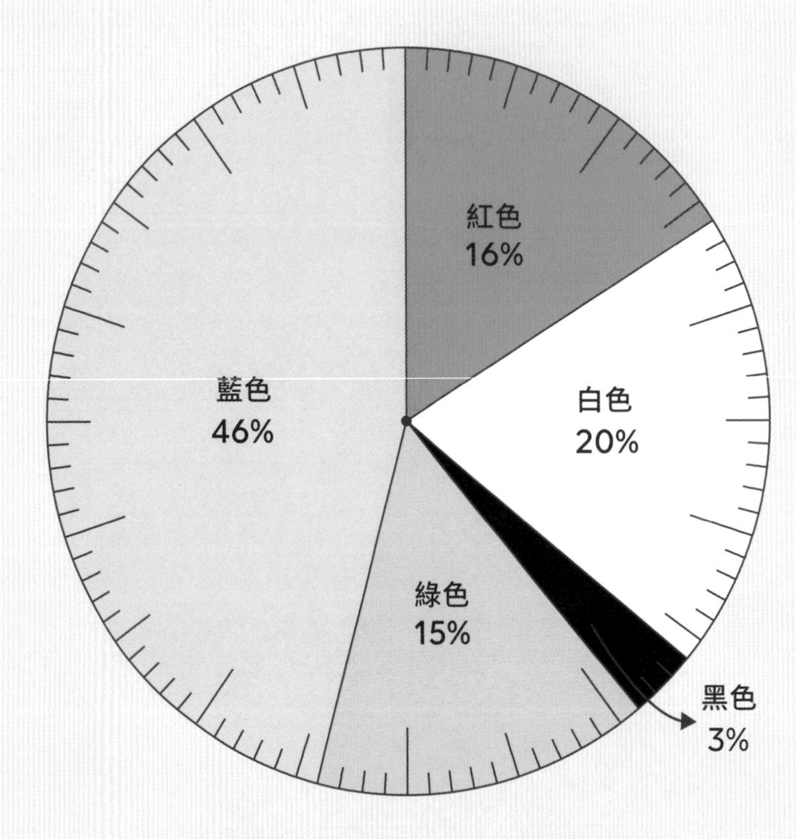

全體學生最喜歡顏色百分率圓形圖

請根據圖中的資料，回答下列問題：

(1) 所有學生最喜歡__________色的人數最多，占__________%

(2) 所有學生最喜歡__________色的人數最少，占__________%

(3) 喜歡白色的人占__________%

(4) 各項目百分率的總和為__________%

② 下面是 6 年級學生票選鄉土教學地點的統計表。

6 年級學生鄉土教學地點得票數統計表

地點	赤崁樓	安平古堡	延平郡王祠	億載金城	合計
得票數（票）	36	25	10	14	85
百分率（%）					

請算出每個地點得票數的百分率（用四捨五入法取到個位），並畫成圓形圖。

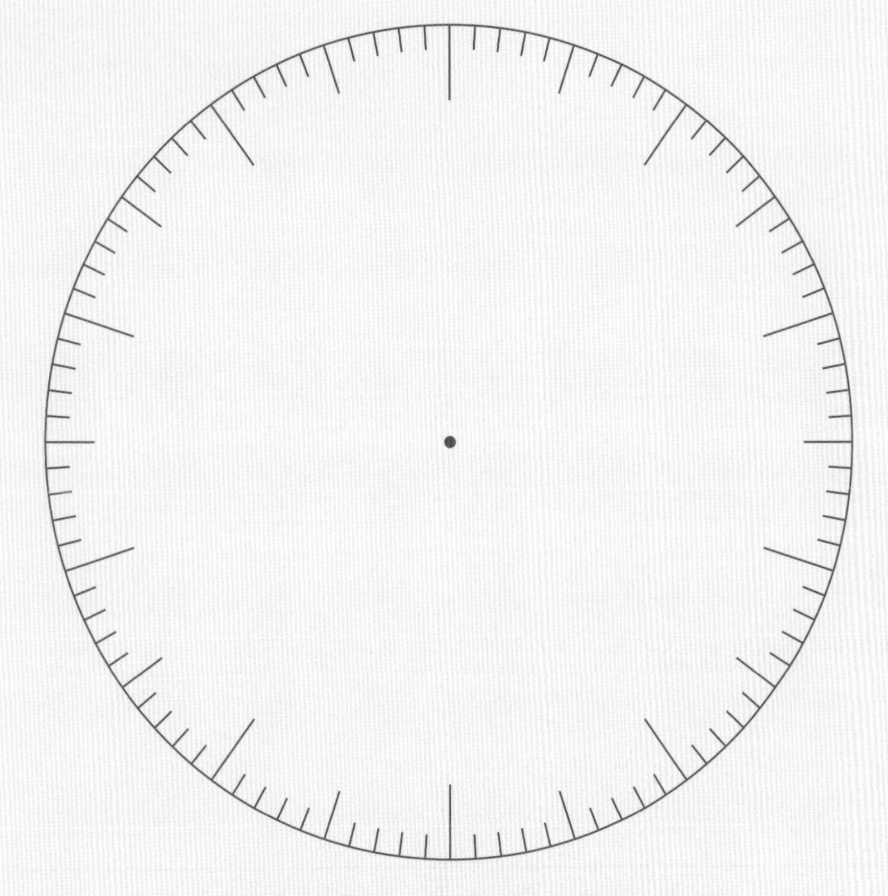

6 年級學生鄉土教學地點得票百分率圓形圖

生活情境題組&國中知識連結

單元一　數字與運算

UNIT ONE

QUESTION 1-1

前往神奇的數學黑洞

數學家發現 1 種神秘的規則，讓數字在許多計算後居然會得到同一組數字，就像掉進了黑洞一樣無法逃脫！現在，讓我們一起進入數學黑洞吧！

請跟著以下的步驟計算

STEP ① 將 1 組四位數字重新排列，在所有可能排出來的數字中，選出最大和最小的數（最高位可以是0）。

STEP ② 將最大數減去最小數，得到 1 個新的數字。如果算出來的答案位數變少（例如：原本是四位數，做完減法後的答案變三位數），記得要在最左邊補上0

STEP ③ 將新得到的數字，反覆步驟 ①、②，直到遇見6174 這個數學黑洞。

為什麼說它是黑洞呢？因為幾乎所有的四位數，在重複步驟 ①、② 後都會抵達黑洞 6174。現在，想像數字是星球的位置編號，巴斯光年從 0314 號星球出發，根據步驟 ② 得到的新數字決定下一顆要前往的星球位置，他稱之為「黑洞之旅」。作為他的副駕駛，你將協助他完成這趟黑洞之旅！

(　　) 01 先練習看看，將 0314 中 4 個數字排列。請問可以排出的最大數字是多少？

A) 3014

B) 3410

C) 4310

D) 4311

02 承上題，請問巴斯光年黑洞之旅前往的第一顆星球位置編號是多少？並寫下你的計算過程。

◆解：

(　) 03 幾乎所有星球，依照正確計算都能抵達黑洞 6174。除了少數星球，因為在執行步驟②後，計算的結果為 0，所以無法抵達黑洞。請問下列哪顆星球有這樣的現象呢？

A）5566

B）8923

C）5555

D）1234

04 在星球編號是從 001～999 的平行數學宇宙中，存在著另一個三位數的數學黑洞。請找出這個黑洞的位置編號，並寫下你的推算過程。

◆ 解：

延伸學習

題目資訊

內容領域	◉數與量(N)　◯空間與形狀(S)　◯變化與關係(R)　◯資料與不確定性(D)
數學歷程	◯形成　◉應用　◯詮釋
情境脈絡	◯個人　◯職業　◯社會　◉科學
學習重點 學習內容	N-3-2　加減直式計算
學習重點 學習表現	n-II-2　熟練較大位數之加、減、乘計算或估算，並能應用於日常解題。

QUESTION 1-2

探索傳承千年的羅馬數字

公元前 500 年左右，羅馬人處於文化發展初期，他們利用手指計數。後來，羅馬人逐漸發明符號來代替手指，也就是所謂的羅馬數字。現在鐘錶、日曆都還可以看到羅馬數字的蹤影。

羅馬數字僅有 7 個符號 ：I、V、X、L、C、D 和 M，分別代表了不同的數字，如表一所示。

表一　羅馬數字符號基礎

1	5	10	50	100	500	1000
I	V	X	L	C	D	M

羅馬人運用這 7 個符號，搭配幾條規則，就能表示出所有的數字。讓我們來研究一下它的規則吧：

(　) 01 第一個規則叫做「重複」：當 1 個符號重複幾次，就表示這個數乘上幾倍，而且最多只能重複 3 次。根據此規則，請問羅馬數字「III」表示什麼數字？

A) 1

B) 3

C) 5

D) 7

(　) 02 第二個規則是「右加左減」：在較大的羅馬數字「右邊」記上較小的羅馬數字，表示大數字「加」小數字；在較大的羅馬數字「左邊」記上較小的羅馬數字，則表示大數字「減」小數字，而且左減的同一組數字最多 1 個。根據此規則，請問「DC」表示什麼數字？

A) 100

B) 400

C) 500

D) 600

03 承上題，「左減」除了基本的大數字減小數字，左減的數字還僅限於 I、X、C。根據這個限制，請使用羅馬數字來表示阿拉伯數字 45。

◆ 解：

04 左減的另一個限制是「不可跨越位值」，比方說，99 必須拆成 99＝90＋9，也就是 90（XC）與個位數的 9（IX）連在一起「XCIX」，而不能直接寫成 99＝100－1，即不能表示成「IC」。承第 2、3 題，按照這些規則，請問「XCIV」表示什麼數字？

◆ 解：

05 羅馬數字的特別之處，在於每個阿拉伯數字只會有 1 種羅馬數字表示法，以「XIX」為例，若當作 21，便會違背上述其中 1 個規則。承第 1～4 題，請說明若「XIX」視為 21，不符合上述哪個規則？

◆ 解：

延伸學習

題目資訊

內容領域	○數與量(N) ○空間與形狀(S) ◉變化與關係(R) ○資料與不確定性(D)
數學歷程	○形成 ◉應用 ○詮釋
情境脈絡	○個人 ○職業 ◉社會 ○科學
學習重點：學習內容	R-5-2 四則計算規律（II）
學習重點：學習表現	r-III-1 理解各種計算規則（含分配律），並協助四則混合計算與應用解題。

QUESTION 1-3

揭開神秘的馬雅數字

數字的歷史既久遠又多元。遠在中美洲的古文明馬雅文化，就有一套自己的數字表示方式。馬雅數字很特別，利用點代表「1」，橫線代表「5」的方式來呈現數字。就像圖一馬雅數字 10 ～ 19 的表現方式。

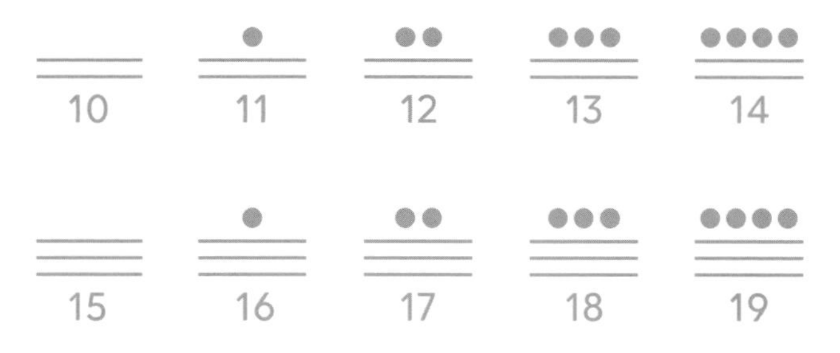

圖一　10 ～ 19 的馬雅數字

(　　) 01 你加入尋寶獵人的行列，與夥伴們在馬雅遺跡中探索。你們從遺跡中找到了 1 個符號，推測這個符號表示打開藏寶箱的關鍵數字，如圖二所示。

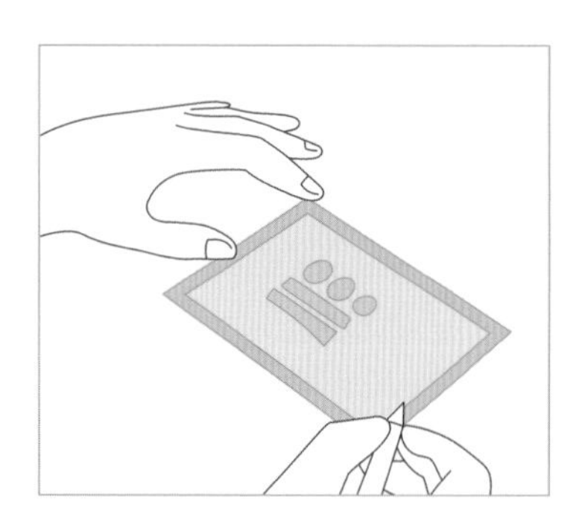

圖二 遺跡中出現的符號

請問這個符號表示的數字是多少？

A) 3

B) 8

C) 13

D) 18

02 圖三是 1～7 的馬雅數字表示圖。

圖三 1～7 的馬雅數字

根據數字的規律，請你推論看看馬雅數字的「9」應該如何表示？

◆解：

03 如何表示比 19 大的數呢?馬雅人是 20 進位的概念，將 1、20、400 作為計算的根本。例如，911 是 400×2 加上 20×5 再加上 1×11。他們將這些符號寫成一直行。我們以 911 為例，可想成 911＝800＋100＋11，如表一所示。

表一 馬雅數字 911 表示法

位	符號	算法
400	●●	400×2=800
20	——	20×5=100
1	● 加兩條橫線	1×11=11

請以馬雅數字的 20 進位表示 531，完成下方空格：

531＝400×_______＋20×_______＋1×_______

04 承上題，請問下圖表示數字多少？

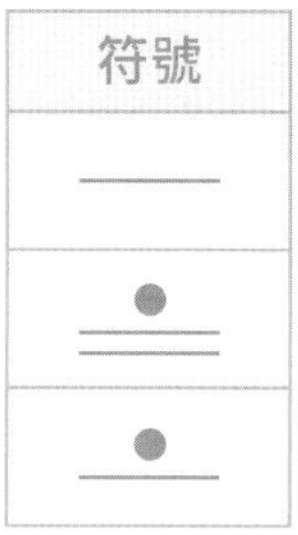

符號
—
• ═
• —

◆ 解：

05 承第 3 題，請用馬雅數字表示「1131」。

◆ 解：

題目資訊

內容領域	○數與量(N) ○空間與形狀(S) ◉變化與關係(R) ○資料與不確定性(D)
數學歷程	○形成 ◉應用 ○詮釋
情境脈絡	○個人 ○職業 ◉社會 ○科學
學習重點	**學習內容** R-5-2 四則計算規律（II）
	學習表現 r-III-1 理解各種計算規則（含分配律），並協助四則混合計算與應用解題。

KNOWLEDGE LINKING

國中知識連結

指數

- **指數：**為了方便數字的記錄，我們會把同一個數 a 連乘 m 次，以「a^m」的形式記錄，讀作「a 的 m 次方」，其中 a 稱為「底數」，m 稱為「指數」。

- **四則運算順序**

  1. 計算括號內的算式。
  2. 指數的運算。
  3. 由左而右，先乘除，後加減。

- **指數比較大小**

  ◎ 若 a 是比 1 大的正數，則 m 愈大，a^m 的值就愈大。

  ◎ 若 b 是比 1 小的正數，則 m 愈大，b^m 的值就愈小。

練習題

① 請以指數記法，簡記下列各式：

(1) $3\times3\times3\times3\times3\times3=$ ________

(2) $100000000=10\times10\times10\times10\times10\times10\times10\times10=$ ________

② $5^3+2^4\times2=$ ________

③ 設 $a=2^{2021}$，$b=2^{2022}$，$c=2^{2023}$，則 a、b、c 值的大小為 ________

④ 設 $a=(0.5)^{110}$，$b=(0.5)^{111}$，$c=(0.5)^{112}$，則 a、b、c 值的大小為 ________

單元二 單位

UNIT TWO

QUESTION 2-1

揭穿孔子薪水的真相

至聖先師孔子是春秋時代的教育家。他因材施教，有教無類，照顧了許多學生。從記錄孔子言論的《論語》裡觀察，孔子的經濟狀況似乎跟多數人一樣很普通。但，事實真是如此嗎？讓我們一起來算算看孔子的年薪吧！

《歷史課本聞不到的銅臭味》一書寫到，當時衛國國君為了慰留孔子，詢問孔子在魯國的年薪，並提供了同等的酬勞 —— 6 萬斗小米。原來，小米是春秋時期的主要糧食，因此發薪水或計算食量，都是拿小米當作參考標準，並用容積單位「斗」來秤量。

(　　) 01 首先，需要先了解公制單位的換算。請問 1 公升是多少毫升？

A) 0.1

B) 10

C) 100

D) 1000

02 書上有這麼一段描述：「成年人若是每個月吃 4 釜小米算是大飯量，每個月吃 3 釜則算是中等飯量。」當時 1 釜是 64 升，不過當時的 1 升約是現代公制的 190 毫升 。請問當時的 1 釜會是公制的多少毫升？

◆ 解：

03 承上題，當時的人若以中等飯量來換算，請問每個月大約要吃多少公升的小米呢？（請四捨五入至整數位）

◆ 解：

04 孔子門下有許多弟子，貧富狀況不一。已知 6 萬斗大約是 9 萬公斤的小米，1 公升的小米大約是 0.75 公斤重。承上題，若每位弟子都以中等飯量來算，請問孔子的年薪夠供應約多少位弟子 1 年的飯量？

◆ 解：

延伸學習

題目資訊

內容領域	◉數與量(N) ◯空間與形狀(S) ◯變化與關係(R) ◯資料與不確定性(D)
數學歷程	◯形成 ◉應用 ◯詮釋
情境脈絡	◯個人 ◯職業 ◉社會 ◯科學

學習重點

學習內容	N-3-15	容量：「公升」、「毫升」
	N-3-16	重量：「公斤」、「公克」
	N-5-2	解題：多步驟應用問題
學習表現	n-II-9	理解長度、角度、面積、容量、重量的常用單位與換算，培養量感與估測能力，並能做計算和應用解題。認識體積。
	n-III-2	在具體情境中，解決三步驟以上之常見應用問題。

QUESTION 2-2

阻止燃油加錯的危機

1983 年 7 月 23 日，加拿大航空 143 號班機將從蒙特婁起飛，預計降落在愛德蒙頓。然而，飛到中途卻響起燃油不足的警報。幾分鐘後，兩翼的引擎熄火，供電也中止，飛機失去動力。機長立刻緊急迫降，飛機機鼻觸地、輪子爆胎。多虧機長的豐富經驗，靠著滑翔飛機才安全著陸。

事後，加拿大航空發現這是因為機組人員搞混了「單位」。應該要加滿 22000「公斤」的燃油，他們卻只加滿了 22000「磅」的燃油，1 磅等於 0.454 公斤，飛機才會飛到一半燃油不足而失去動力。若穿越時空來到 143 號班機起飛前，由你負責最後檢查，發現了這個重大的失誤，請你幫忙阻止意外發生。

01 請判斷 1 磅的油是否比 1 公斤的油多？

是　　否

02 根據題幹資訊，請問飛機少加了約多少磅的油？（請四捨五入至整數位）

◆ 解：

03 實際上，真正在加油時，是以容積的「公升」來計算。因此機組人員要加的燃油，應該要換算成公升。已知 1 磅的油大約是 0.568 公升，承上題，請問機組人員最少需要再加上約多少公升的油才能解決問題？（請四捨五入至整數位）

◆ 解：

04 若你穿越來到已加錯燃油且剛起飛的飛機上，你打算預測燃油用完的位置，提早準備降落。承第 2 題，請判斷燃油大約會在下圖中 A、B、C、D 的哪個地方用盡，並說明判斷的依據。

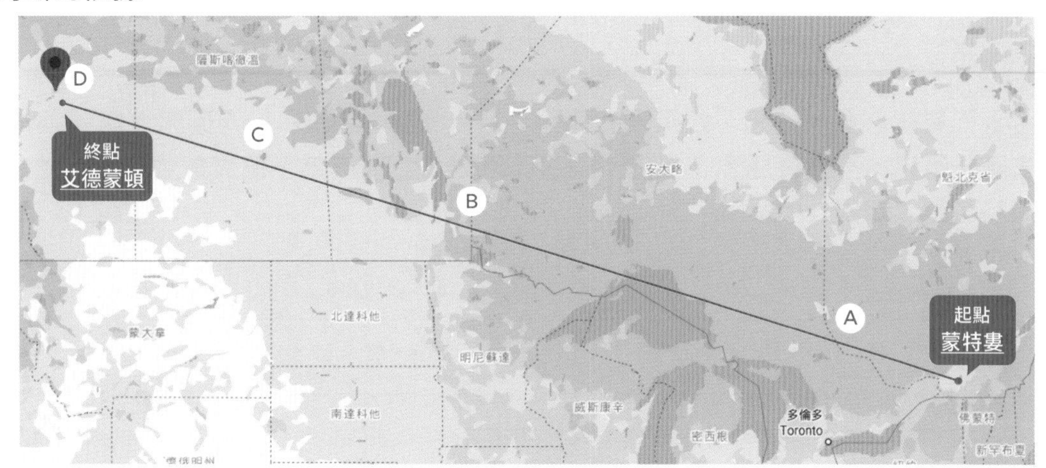

圖一　143 號班機原定飛行路線

註：實際上飛機飛行採大圓航線，此飛行路線為近似。

◆ 解：

題目資訊

內容領域 ◉數與量(N)　○空間與形狀(S)　○變化與關係(R)　○資料與不確定性(D)

數學歷程 ○形成　○應用　◉詮釋

情境脈絡 ○個人　○職業　◉社會　○科學

學習重點

學習內容
- N-3-16　重量：「公斤」、「公克」
- N-5-2　解題：多步驟應用問題
- N-5-11　解題：對小數取概數

學習表現
- n-II-9　理解長度、角度、面積、容量、重量的常用單位與換算，培養量感與估測能力，並能做計算和應用解題。認識體積。
- n-III-2　在具體情境中，解決三步驟以上之常見應用問題。
- n-III-8　理解以四捨五入取概數，並進行合理估算。
- n-III-11　認識量的常用單位及其換算，並處理相關的應用問題。

QUESTION 2-3

揭示超乎想像的一元價值

貧窮貴公子金太郎有天翻到了十幾年前，《經濟日報》的 1 則報導：

「新臺幣發行史上第一遭，收集破銅爛鐵的業者及集郵社，最近就掀起一股收集 5 角跟 1 元硬幣熱潮，因為 1 元硬幣材質的價值已達 1.26 元。……如果收集 100 萬個 1 元，熔成銅與鎳賣掉，套利空間有 26%。」

金太郎有些心動。他想，如果現在還是這樣，那收集很多 1 元硬幣，熔掉換成金屬賣出去賺一筆錢，再去買更多 1 元硬幣，不就發大財了嗎？為了搞清楚這件事，他去查 1 元的資料，整理如表一所示。

表一　新臺幣 1 元資料表

材質成分佔比	銅：92%、鎳：6%、鋁：2%
直徑	20 毫米
重量	3.8 公克

(　　) 01 請根據表一回答，1 元硬幣中成分佔比最高的金屬為何？

A) 金

B) 鎳

C) 鋁

D) 銅

02 根據表一，請問 100 萬個 1 元硬幣有多少公噸？

◆解：

03 承上題，請問 100 萬個 1 元硬幣中，所含銅的總重量是多少公噸？

◆解：

04 金太郎也查到了 2021 年每種金屬的行情，如表二所示。

表二 基本金屬行情

金屬	報價單位	價格
銅	美元 / 公噸	9000
鎳	美元 / 公噸	16000
鋁	美元 / 公噸	2000

承第 2 題，請問 100 萬個 1 元硬幣中的金屬，市價為多少美元？

◆解：

05 新聞中所說「套利空間有 26%」，意指 100 萬個 1 元如果拿去熔掉，在金屬市場上能換到 100 萬×(1＋26%)＝126 萬元。2021 年，100 美金約能換取新臺幣 2800 元。承上題，請試算 100 萬個 1 元硬幣裡的金屬市價，並說明是否有新臺幣 126 萬元的價值。

◆解：

延伸學習

題目資訊

內容領域	◉數與量(N) ○空間與形狀(S) ○變化與關係(R) ○資料與不確定性(D)
數學歷程	○形成 ○應用 ◉詮釋
情境脈絡	○個人 ○職業 ◉社會 ○科學

學習重點		
學習內容	N-5-13	重量：「公噸」
	N-5-10	解題：比率與應用
學習表現	n-III-9	理解比例關係的意義，並能據以觀察、表述、計算與解題，如比率、比例尺、速度、基準量等。
	n-III-11	認識量的常用單位及其換算，並處理相關的應用問題。

KNOWLEDGE LINKING
國中知識連結

比例

- **比與比值的意義：** a、b 兩數的比，記為 a：b，讀作 a 比 b，其中 a 稱為前項，b 則稱為後項。它們的比值為 $a \div b = \frac{a}{b}$ $(b \neq 0)$

- **相等的比**

  ◎ a：b $(b \neq 0)$ 與 c：d $(d \neq 0)$ 兩個比相等，指它們的比值 $\frac{a}{b}$ 與 $\frac{c}{d}$ 相等，記為 a：b ＝ c：d。

  ◎ 若 $b \neq 0$，$m \neq 0$，則 a：b＝ $(a \times m)$：$(b \times m)$＝$(a \div m)$：$(b \div m)$

- **最簡整數比：** 若比的前項及後項都是整數，且它們的最大公因數是 1，則稱為最簡整數比。例如：3：7

- **比例式：** 當 a：b $(b \neq 0)$ 與 c：d $(d \neq 0)$ 兩個比相等時，可記為 a：b＝c：d，此式稱為比例式，其中 a 和 d 稱為比例式的「外項」，b 和 c 則稱為比例式的「內項」。

- **內項乘積等於外項乘積：** 若 a：b＝c：d $(b \neq 0、d \neq 0)$，則 $a \times d = b \times c$

- **比例式的運算性質：** 若 a、b 都是不為 0 的數，且 x：y＝a：b，則

  ◎ $\frac{x}{a} = \frac{y}{b}$

  ◎ $x = ar$，$y = br$，其中 $r \neq 0$

練習題

① 求出下列各比的比值：

(1) 16：4 的比值為 ________

(2) 0.5：2 的比值為 ________

② 將下列各比化簡成最簡整數比：

(1) 125：25＝ ________

(2) 1.5：6＝ ________

③ 下列是將比例式以「內項乘積等於外項乘積」找出 a 值的推導過程。請在下方括號中填入數字，完成算式：

(1) 16：48 ＝ 4 : a
以內項乘積等於外項乘積，可得 (　　)× a＝(　　)×(　　)
化簡後得 (　　)×a＝(　　)
故 a＝(　　)

(2) 5：3＝a : 24
以內項乘積等於外項乘積，可得 (　　)× (　　)＝(　　)×a
化簡後得 (　　)＝(　　) ×a
故 a＝(　　)

④ 已知 x、y 都不為 0，且 $\frac{x}{3}=\frac{y}{4}$，則 x：y＝ ________

單元三　占了多少

UNIT THREE

QUESTION 3-1

追尋都市綠化的理想

都市中的樹木非常重要，能替我們遮陽擋雨、降低空氣汙染、提供大家更舒服的生活環境。只是，城市中的樹木多不多，該怎麼計算呢？

有種做法是利用衛星空拍，看看樹木占整個區域多大的面積。具體來說，抬頭看 1 棵樹，有許多樹枝從主幹延伸出去，這些樹枝加上樹葉，統稱為「樹冠」。從空中看下來，平均 1 棵樹的樹冠面積約為 16 平方公尺。「樹冠覆蓋率」的意思就是，該區域所有樹的樹冠總面積，占整個區域面積的比率。研究顯示，1 個區域最少要有 20% 的樹冠覆蓋率，樹木量才算達標。

已知臺北市平地面積約有 1.3 億平方公尺，請根據上述資訊，回答下列問題：

(　) 01 請問 20% 換算為分數會是多少？

A) $\frac{1}{20}$

B) $\frac{1}{5}$

C) $\frac{1}{4}$

D) $\frac{1}{2}$

(　) 02 若臺北市平地的樹木量約有 10 萬棵，則臺北市平地的樹冠覆蓋率約是多少？

A) 0.012%

B) 0.7%

C) 1.2%

D) 20%

03 請問臺北市的平地至少要有多少萬棵樹木，才能讓樹冠覆蓋率達到 20%？(請四捨五入至整數位)

◆ 解：

04 承第2、3題，根據統計，臺北市平地的閒置公有空地約為5500萬平方公尺。若要讓樹冠覆蓋率達到20%的目標，至少需要使用閒置公有空地中的多少比率呢？

◆解：

延伸學習

題目資訊

內容領域	◉數與量(N) ○空間與形狀(S) ○變化與關係(R) ○資料與不確定性(D)
數學歷程	○形成 ◉應用 ○詮釋
情境脈絡	○個人 ○職業 ◉社會 ○科學
學習重點：學習內容	N-5-10 解題：比率與應用
學習重點：學習表現	n-III-5 理解整數相除的分數表示的意義。 n-III-9 理解比例關係的意義，並能據以觀察、表述、計算與解題，如比率、比例尺、速度、基準量等。

QUESTION 3-2

揭開九龍城寨的神秘面紗

九龍城寨是香港過去的貧民窟，曾經是世界上人口密度最高的地方，也成了許多漫畫與電影發想的來源，如圖一所示。

圖一 九龍城寨

（出處：維基百科）

九龍城寨區域可居住的面積僅有2.6公頃，但據說最擁擠的時候高達 50000 人住在這個區域。由於缺乏良好的規劃，許多建築結構不穩固，在 1993 年時被政府全部拆除，改建成公園。

讓我們來比較看看，九龍城寨的居住環境到底跟臺灣有多大的差別吧。

01 已知 1 公頃＝10000 平方公尺，請問 1 公頃是否比 1 平方公尺還大？

是　否

02 承上題，請問 2.6 公頃為多少平方公尺？

◆解：

03 承上題，九龍城寨位在機場附近，為了避免飛機升降時撞到建築物，最高只能蓋到 14 層。假設每層樓的總面積都是 2.6 公頃，請問在最擁擠的時候，每人平均擁有多少平方公尺的居住空間？（請四捨五入至整數位）

◆解：

04 根據行政院資料，臺灣每人平均約有 50 平方公尺的居住空間。承上題，請問約是九龍城寨居民的幾倍？（請四捨五入至整數位）

◆ 解：

05 根據第 3、4 題的情況，若要讓九龍城寨的居民平均居住空間和臺灣一樣大，請問必須撤離約多少人？

◆ 解：

題目資訊

內容領域	○數與量(N) ○空間與形狀(S) ◉變化與關係(R) ○資料與不確定性(D)
數學歷程	○形成 ○應用 ◉詮釋
情境脈絡	○個人 ○職業 ◉社會 ○科學

學習重點			
	學習內容	N-5-12	面積：「公畝」、「公頃」、「平方公里」
		R-5-1	三步驟問題併式
	學習表現	n-III-11	認識量的常用單位及其換算，並處理相關的應用問題。
		r-III-1	理解各種計算規則（含分配律），並協助四則混合計算與應用解題。

QUESTION 3-3

善用特殊的測量工具「枡」

柯南有天發現小五郎叔叔會用 1 種方形的容器裝清酒，他好奇去查才發現，這個小小的容器大有來頭，已有 1300 年的歷史，稱為「枡 (ㄕㄥ)」，如圖一所示。

圖一　枡 (圖片來源：masuya.ohashiryoki)

從前在日本，酒商們買賣時會用「 枡 」來測量容量，後來乾脆直接用「 枡 」來喝酒。起初，這樣的木製容器大小不一，直到豐臣秀吉統一天下後，才明文制定了「一合枡 」的容量為 180 毫升。

01 請問「一合枡」的容量，是否比圖二中這罐飲料的容量還多？

營 養 標 示

每一份量 125 毫升
本包裝含 1 份

	每份	每 100 毫升
熱量	67.0 大卡	53.6 大卡
蛋白質	0.3 公克	0.2 公克
脂肪	0.0 公克	0.0 公克
飽和脂肪	0.0 公克	0.0 公克
反式脂肪	0.0 公克	0.0 公克
碳水化合物	16.5 公克	13.2 公克
糖	16.4 公克	13.1 公克
鈉	8 毫克	7 毫克

圖二　飲料標示

是　　否

( ) 02 柯南用枡裝滿水後傾斜，如圖三所示，剩下的水只有「一合枡」的一半。

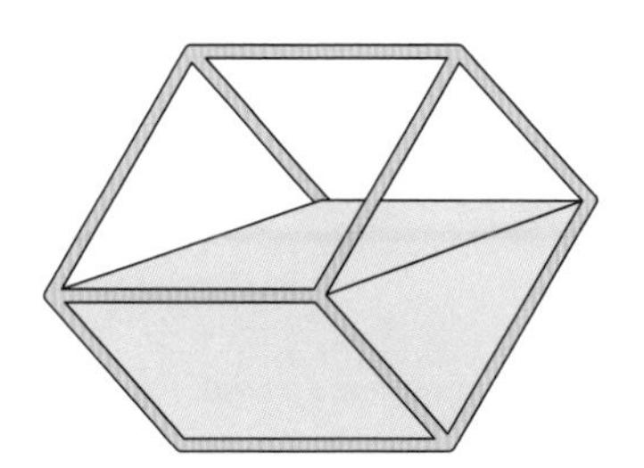

圖三　傾斜的「枡」

請問此時枡中有多少毫升的水？

A) 30

B) 60

C) 90

D) 180

03 小五郎跟柯南分享，若是將枡傾斜如圖四，此時的水會是「一合枡」的 $\frac{1}{6}$。

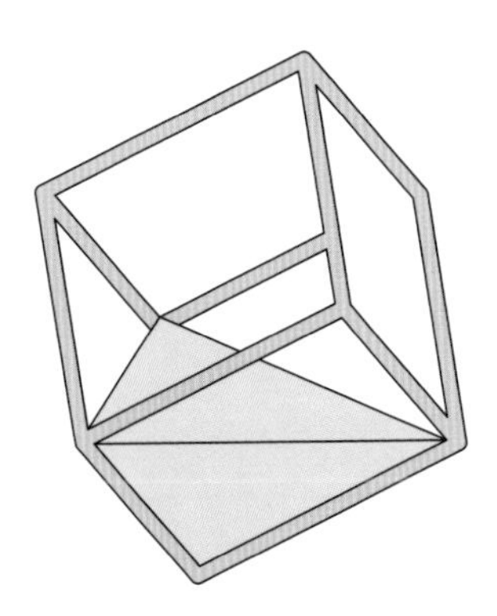

圖四　再傾斜的「枡」

請問此時枡中有多少毫升的水？

◆解：

04 承上題，柯南發現，原來枡非常實用，不只能量出全滿、$\frac{1}{2}$、$\frac{1}{6}$，還能量出其他容量。柯南想了想，又跟小五郎叔叔借了另一個枡，量出 150 毫升的水，請說明柯南的測量方式為何？

◆ 解：

05 跟著柯南學會多種測量的方式後，現在換你挑戰了。除了 30、60、90、120、180 毫升以外，請找出 1 種可以用 2 個枡測量出的容量，並明確說明量出的方式。

◆ 解：

題目資訊

內容領域	◉數與量(N) ○空間與形狀(S) ○變化與關係(R) ○資料與不確定性(D)
數學歷程	○形成 ◉應用 ○詮釋
情境脈絡	◉個人 ○職業 ○社會 ○科學

學習重點

學習內容	N-5-3	公因數和公倍數
	N-5-15	解題：容積
	N-6-9	解題：由問題中的數量關係，列出恰當的算式解題
學習表現	n-III-3	認識因數、倍數、質數、最大公因數、最小公倍數的意義、計算與應用。
	n-III-10	嘗試將較複雜的情境或模式中的數量關係以算式正確表述，並據以推理或解題。
	n-III-12	理解容量、容積和體積之間的關係，並做應用。

KNOWLEDGE LINKING
國中知識連結

三視圖

- **視圖：**我們從立體圖形的某個方向看到的圖形都是平面圖形，這些平面圖形稱為視圖。
- **前視圖：**選定某個方向做為此立體圖形的前方，所觀察到的視圖，稱為前視圖。
- **後視圖、左視圖、右視圖：**其他由前方所對應的後方、左方、右方所觀察到的視圖，分別稱為後視圖、左視圖、右視圖。
- **上視圖：**在前方由上往下俯視所見的視圖，稱為上視圖。
- **三視圖：**一立體圖形的前視圖與後視圖，經由平移或翻轉後，會長得一模一樣，且將兩圖形並排會是線對稱圖形。左視圖與右視圖也可以由同樣的方式，發現兩者圖形相同。因此，由立體圖形的前視圖、右視圖與上視圖，就可以知道立體圖形大概的樣貌。我們會將一個立體圖形的前視圖、右視圖與上視圖稱為三視圖。

練習題

① 下圖是用方形積木堆成的立體圖形，請寫出下列視圖的名稱。(請填入前、上、右)

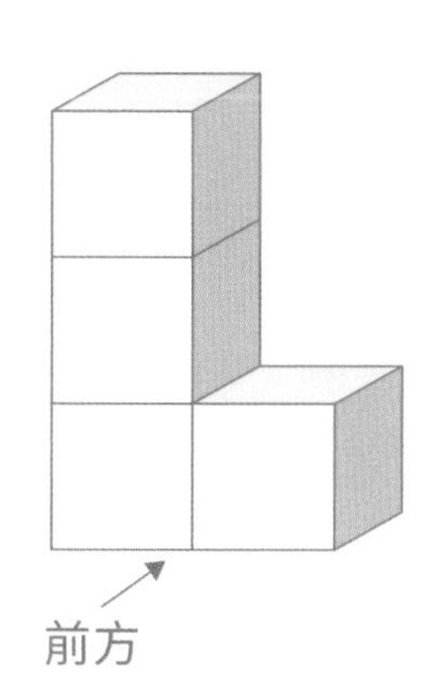

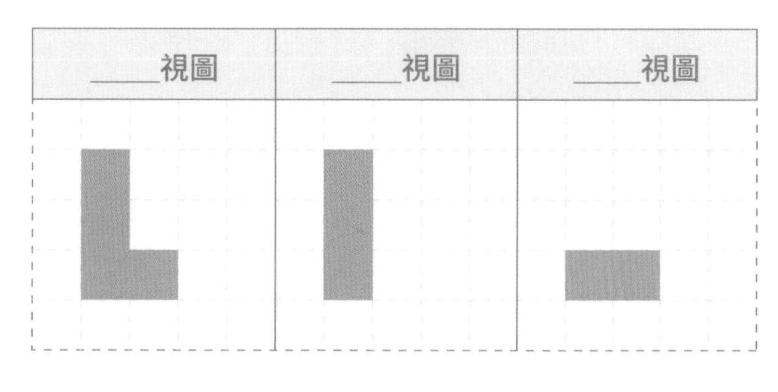

(　　) ② 根據下圖的立體圖形，哪個選項中的圖形是它的右視圖？

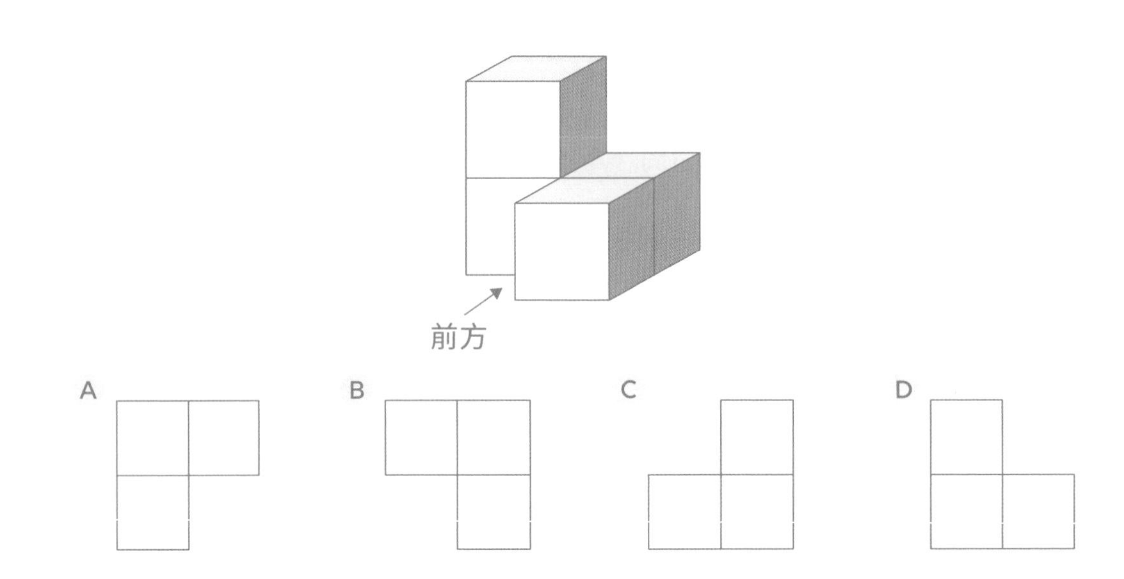

③ 如下圖，小玥用方形積木為他的娃娃堆了 1 張椅子。請根據前方標示的位置，畫出這張椅子的三視圖。

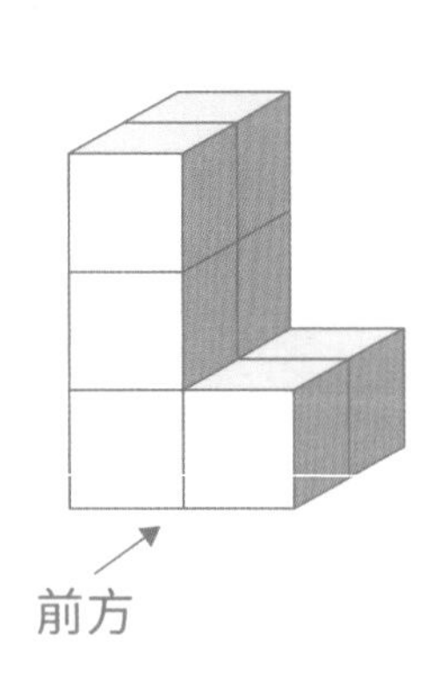

前視圖	右視圖	上視圖

單元四　統計圖表與數據

UNIT FOUR

QUESTION 4-1

創造健康的飲食方式

小蘭最近在健身。營養師檢視他平日的飲食，並根據小蘭平常的活動量與身高體重，建議他一天總共要攝取 1800 大卡的熱量。不只如此，總熱量還要按照比例，攝取不同的營養成分。營養師給小蘭由衛福部編制的《每日飲食指南手冊》，裡面記錄各營養成分占每天總熱量的比例，如表一所示。

表一　三大營養成分的熱量比例

（資料來源：衛福部《每日飲食指南手冊》）

營養成分	比例
碳水化合物	60%
蛋白質	20%
脂肪	20%

（　　）01 根據表一，請問蛋白質應該占每天總熱量的多少比例？

A）100%

B）60%

C）40%

D）20%

02 根據表一，請將三大營養成分所占比例，繪製於下方的圓形百分圖中。

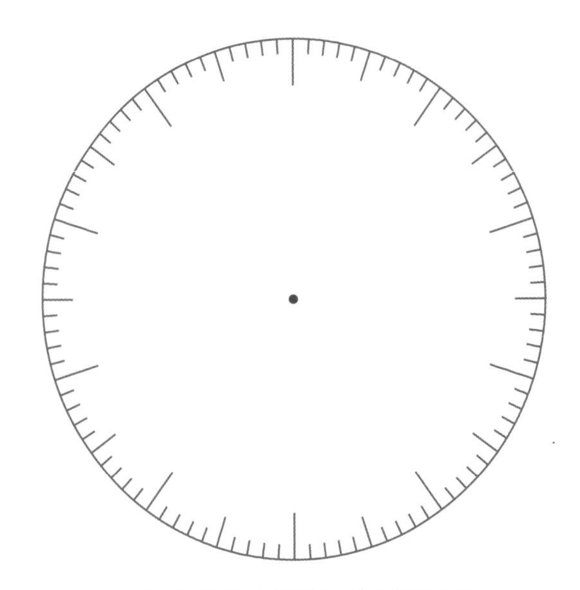

三大營養成分的熱量比例圓形圖

03 營養師提醒小蘭：「蛋白質是組成人體大、小組織和細胞必需的營養成分，每吃 1 公克的蛋白質，可產生 4 大卡的熱量。吃太少的話，容易掉頭髮，而且免疫力會下降。」請問小蘭每天應該攝取的蛋白質，可以換算成多少大卡的熱量？

◆ 解：

04 承上題，請問小蘭每天應該要吃多少公克的蛋白質？

◆ 解：

05 營養師發現小蘭有蛋白質攝取不足的狀況。為了補充蛋白質，建議可用蛋白粉沖泡成高蛋白飲品，1 湯匙的蛋白粉有 24 公克的蛋白質。承上題，小蘭今天已經吃了 54 公克的蛋白質，請問應該要沖泡約幾匙的蛋白粉，他今天的蛋白質攝取量才足夠？

◆ 解：

題目資訊

內容領域	○數與量(N) ○空間與形狀(S) ○變化與關係(R) ◉資料與不確定性(D)
數學歷程	○形成 ◉應用 ○詮釋
情境脈絡	◉個人 ○職業 ○社會 ○科學

學習重點			
學習內容	N-5-10	解題：比率與應用
	D-6-1	圓形圖
學習表現	n-III-5	理解整數相除的分數表示的意義。
	n-III-9	理解比例關係的意義，並能據以觀察、表述、計算與解題，如比率、比例尺、速度、基準量等。
	d-III-1	報讀圓形圖，製作折線圖與圓形圖，並據以做簡單推論。

QUESTION 4-2

解讀生命靈數的奧秘

網路上有 1 則新聞〈準到爆?「生命靈數」解析個人特質，算出 9「是天才」!〉，提到古希臘人認為每個人身體裡都隱藏著 1 組生命靈數，代表不同的命運。這看起來就像是某種跟星座類似的占卜。生命靈數的計算方法是利用出生的日期，把年（西元）、月、日的每個位數相加，算出之後，再將結果的每個位數相加，反覆將結果的位數相加，直到結果變成 1 個阿拉伯數字，這個數字就是生命靈數。

例如，小英的生日是 1956 年 8 月 31 日，他的靈數計算方法如下：

第一步：先把所有數字加起來，1+9+5+6+8+3+1=33

第二步：把結果拆成個位數相加，33 拆成 2 個個位數 3+3=6

小英的生命靈數就是 6

(　) 01 小夫看完這則新聞後，也想來算算看自己的生命靈數。他的生日是 2001 年 2 月 27 日，請問他的生命靈數是多少？

A) 5

B) 6

C) 7

D) 8

(　) 02 小夫試算了 2001 年 2 月 1 日～ 14 日的生命靈數，結果如表一所示。

表一　2001 年 2 月 1 日～ 14 日的生命靈數

生日	2月1日	2月2日	2月3日	2月4日	2月5日	2月6日	2月7日
生命靈數	6	7	8	9	1	2	3
生日	2月8日	2月9日	2月10日	2月11日	2月12日	2月13日	2月14日
生命靈數	4	5	6	7	8	9	1

請問在 2001 年 2 月下列那個生命靈數會出現最多次？

A) 3

B) 4

C) 5

D) 6

( ) 03 小夫上網查到，有人統計了 2001 年 1 月到 12 月中，生命靈數 1～9 出現的次數，統計的結果如圖一所示。

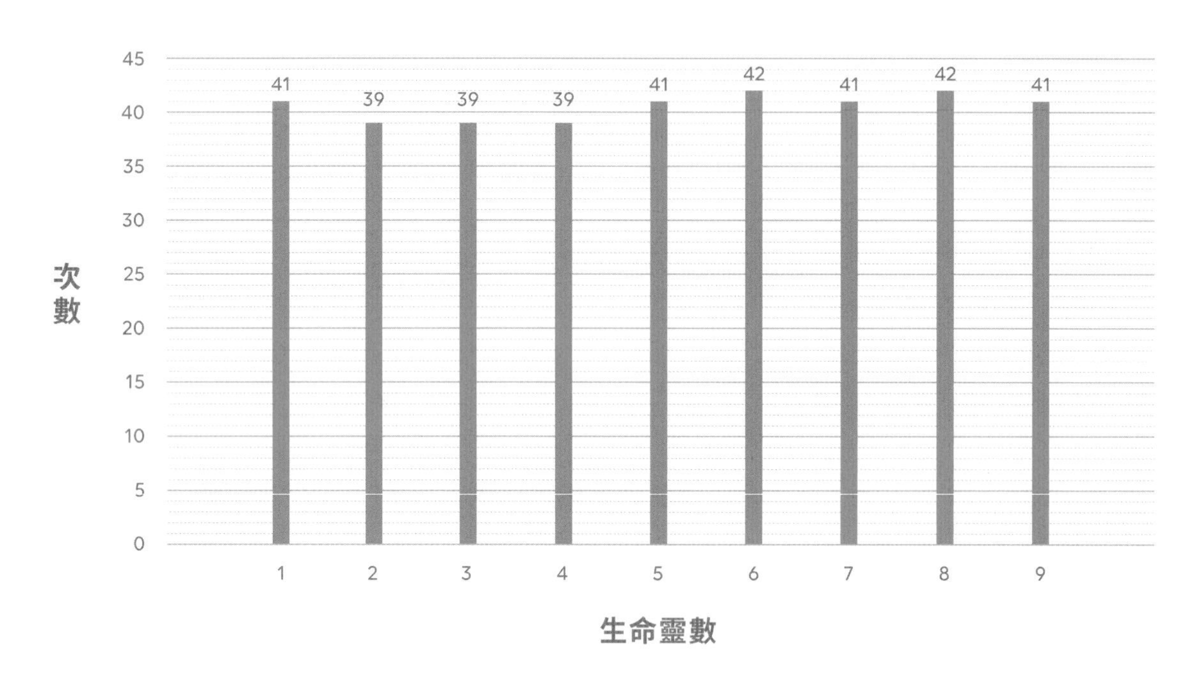

圖一 2001 年 1～12 月生命靈數總次數

根據圖一，請問在 2001 年中，生命靈數 9 出現的次數，占所有生命靈數出現次數的比例，最接近下列何者？

A) 1%

B) 6%

C) 11%

D) 15%

(　) 04 新聞中指出「生命靈數為 9 的人是能力優異的少數人才」。小夫查詢了相關資料後發現，在教育統計上的能力優異，指的是全世界智商排名前 1% 以內的人。承上題，假設 1 年 365 天每天出生的人口數差不多，請問此篇報導的標題是否合理，並合理說明或詳細解釋你的看法。

◆ 解：

題目資訊

內容領域 ○數與量(N) ○空間與形狀(S) ○變化與關係(R) ◉資料與不確定性(D)

數學歷程 ○形成 ○應用 ◉詮釋

情境脈絡 ○個人 ○職業 ◉社會 ○科學

學習重點

學習內容	D-4-1	報讀長條圖與折線圖以及製作長條圖
	N-5-10	解題：比率與應用
學習表現	d-II-1	報讀與製作一維表格、二維表格與長條圖，報讀折線圖，並據以做簡單推論。
	n-III-5	理解整數相除的分數表示的意義。
	n-III-9	理解比例關係的意義，並能據以觀察、表述、計算與解題，如比率、比例尺、速度、基準量等。

QUESTION 4-3

破解爬山事故年齡的迷思

親近大自然是一件好事，然而登山有一定的風險性，有時還會看到事故的新聞。玉山國家公園管理處（以下簡稱玉管處）曾公布 109 年 1 ～ 7 月的意外事故報告，如下表一，希望可以達到預防的效果。

表一 玉管處公布事故統計數據

年齡層（歲）	1 ～ 19	20 ～ 29	30 ～ 39	40 ～ 49	50 ～ 59	60 ～ 69	70 以上
入園遊客比例	4%	14%	20%	25%	27%	9%	1%
事故比例	0%	9%	12%	15%	40%	18%	6%

在報告書中提到，109 年 1 ～ 7 月核准了約 42143 人進入玉山國家公園，其中遭遇意外事故的事件數有 62 人。當時，玉管處根據資料說：「撇除 1 ～ 19 歲不看，70 歲以上的事故比例最低，50 ～ 59 歲的事故比例最高。」

許多登山者覺得這個結論怪怪的，但一時又說不出是哪裡有問題。畢竟數據上的確顯示 70 歲以上的事故比例 6%，是所有年齡層中最低的。請根據上述內容，回答下列各題：

(　) 01 僅就表一所提供的資訊，請問下列哪個年齡層的事故比例最高？

A) 30 ～ 39 歲

B) 40 ～ 49 歲

C) 50 ～ 59 歲

D) 60 ～ 69 歲

02 從本文資訊中，請計算 50 ～ 59 歲的入園人數大約是幾人？

◆ 解：

03 事故發生的比例會以所有發生事故的人數為基準。根據表一，請計算 50 ～ 59 歲發生事故的實際人數應大約是幾人？

◆ 解：

04 每個年齡層真正的事故比例，應以此年齡層的人數為基準，討論其中發生事故的人數。承第 2、3 題，請問所有 50 ～ 59 歲的入園遊客中，發生事故的人口百分率應為何？

◆ 解：

05 承上題，請計算 70 歲以上實際的事故比例，並比較 50 ～ 59 歲與 70 歲以上的事故比例何者較高。

◆ 解：

題目資訊

內容領域	○數與量(N) ○空間與形狀(S) ○變化與關係(R) ◉資料與不確定性(D)
數學歷程	○形成 ◉應用 ○詮釋
情境脈絡	○個人 ○職業 ◉社會 ○科學
學習重點 學習內容	N-5-10 解題：比率與應用
學習重點 學習表現	n-III-5 理解整數相除的分數表示的意義。 n-III-9 理解比例關係的意義，並能據以觀察、表述、計算與解題，如比率、比例尺、速度、基準量等。

KNOWLEDGE LINKING
國中知識連結

統計圖表與數據

- **列聯表**：將資料用 2 種以上的類別分組，並統計次數所得的統計表稱為列聯表，其中直行與橫列對應的數值即為次數。

  例如：下表為某地 3 位里長候選人的得票統計結果。

投開票所	候選人			廢票
	甲	乙	丙	
一	200	212	150	12
二	283	85	241	15
三	100	40	205	7
合計	583	337	596	34

- **次數分配表：**將統計資料歸類到不同的類別中，並顯示每個類別中觀察值的數量，稱為次數分配表。

例如：表一為某班學生的身高記錄表，表二即此班學生的身高次數分配表。

表一

座號	身高（公分）	座號	身高（公分）
1	175	11	163
2	161	12	171
3	169	13	153
4	155	14	162
5	154	15	181
6	182	16	165
7	176	17	157
8	169	18	168
9	146	19	162
10	148	20	172

表二

身高（公分）	次數（人）
140~150	2
150~160	4
160~170	8
170~180	4
180~190	2
合計	20

- **次數分配直方圖與折線圖：**將資料整理成分配表後，根據次數分配表，可以繪製次數分配直方圖與折線圖。

  例如：圖一為表二的次數分配直方圖，圖二為表二的次數分配折線圖。

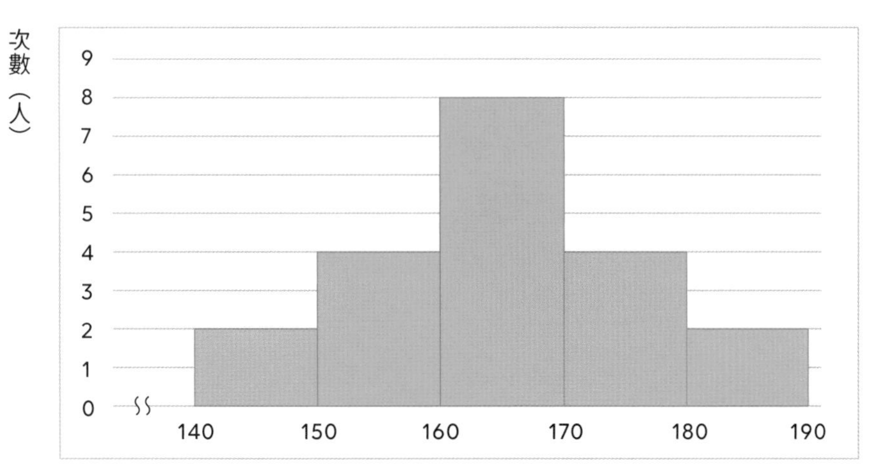

圖一　某班學生身高次數分配直方圖

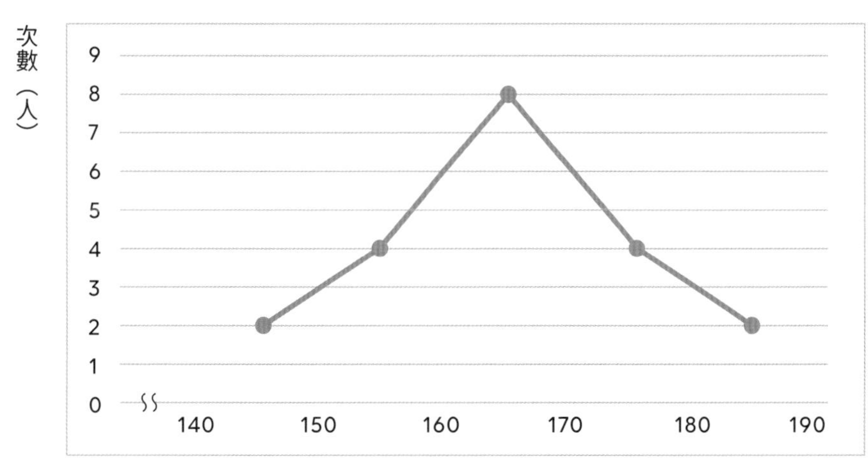

圖二　某班學生身高次數分配折線圖

- **平均數：** 將一組資料中，所有數據的總和除以總次數，稱為這組資料的平均數。

- **中位數**

  ◎ 將一組資料由小到大排列，排在最中間位置的資料，稱為這組資料的中位數。

  ◎ 將 n 筆資料由小到大依序排列，
  - 若 n 是奇數，則中位數是「第 $\frac{n+1}{2}$ 筆資料」。
  - 若 n 是偶數，則中位數是「第 $\frac{n}{2}$ 筆與第 $\frac{n}{2}+1$ 筆資料的平均數」。

- **眾數：** 一組資料中，出現次數最多的資料，稱為這組資料的眾數。

練習題

① 數學老師向飲料店訂購了冰奶茶 5 杯、冰紅茶 6 杯、溫奶茶 3 杯、溫紅茶 5 杯、熱奶茶 1 杯、熱紅茶 2 杯，共 22 杯飲料。將飲料依品項分類，有奶茶、紅茶 2 種；依溫度分類，則有冰、溫、熱 3 種。請根據上述資料，完成下面這張列聯表。

溫度 / 品項	冰	溫	熱	合計
奶茶				
紅茶				
合計				

② 下表是小威班上同學數學成績一覽表。請根據表中的資料，完成該班同學數學成績次數分配表與折線圖。(提示：畫折線圖時，每組的次數資料要從各組中點對應標記。例如 30 ～ 40 分這組的中點為 $\frac{30+40}{2}=35$，就要從 35 分對應該組的次數標記)

座號	1	2	3	4	5	6	7	8	9	10
數學成績（分）	62	53	62	71	81	66	82	76	46	87
座號	11	12	13	14	15	16	17	18	19	20
數學成績（分）	88	73	42	62	75	83	67	91	99	68
座號	21	22	23	24	25	26	27	28	29	30
數學成績（分）	51	95	82	69	78	38	89	58	79	86

數學成績（分數）	次數（人）
30~40	
40~50	
50~60	
60~70	
70~80	
80~90	
90~100	
合計	

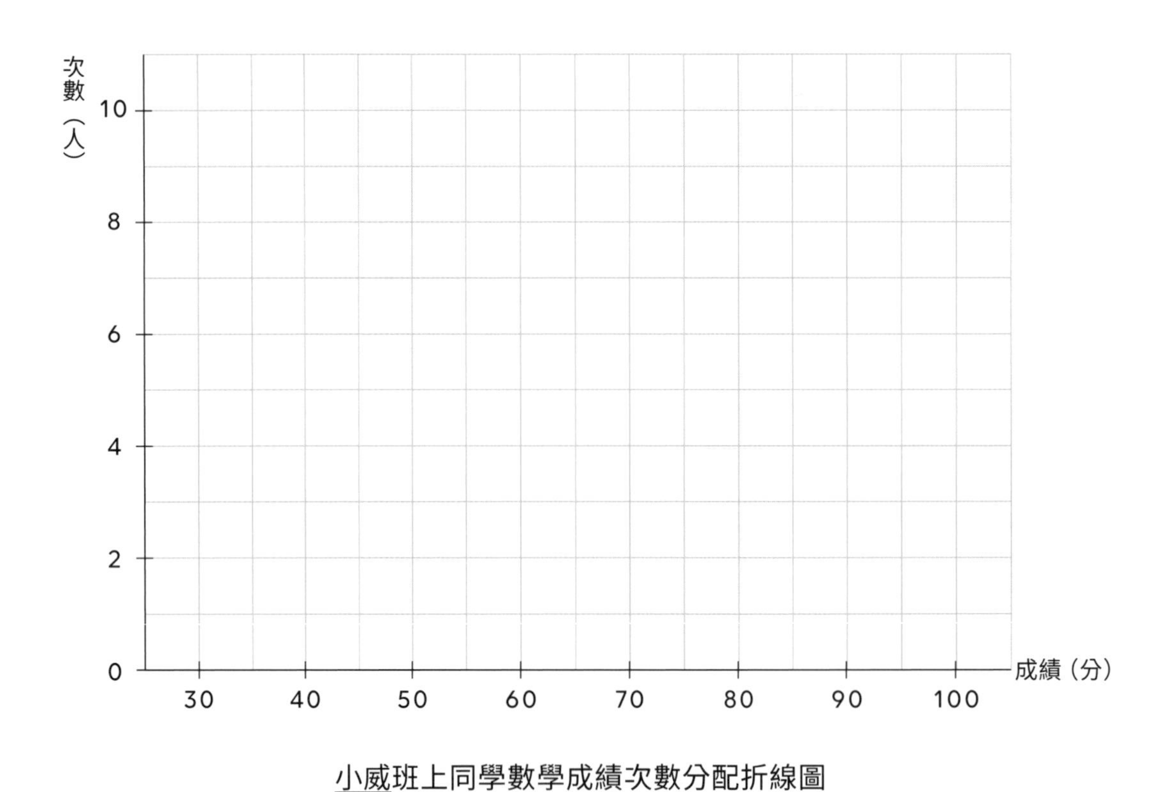

小威班上同學數學成績次數分配折線圖

③ 有組資料如下：48、55、58、51、52、60，則這組資料的平均數為 ________

④ 有組資料如下：29、11、17、8、15、18、21，則這組資料的中位數為 ________

⑤ 有組資料由小到大排列如下：12、14、16、18、20、22、24、26，則這組資料的中位數為 ________

單元五 怎樣解題

UNIT FIVE

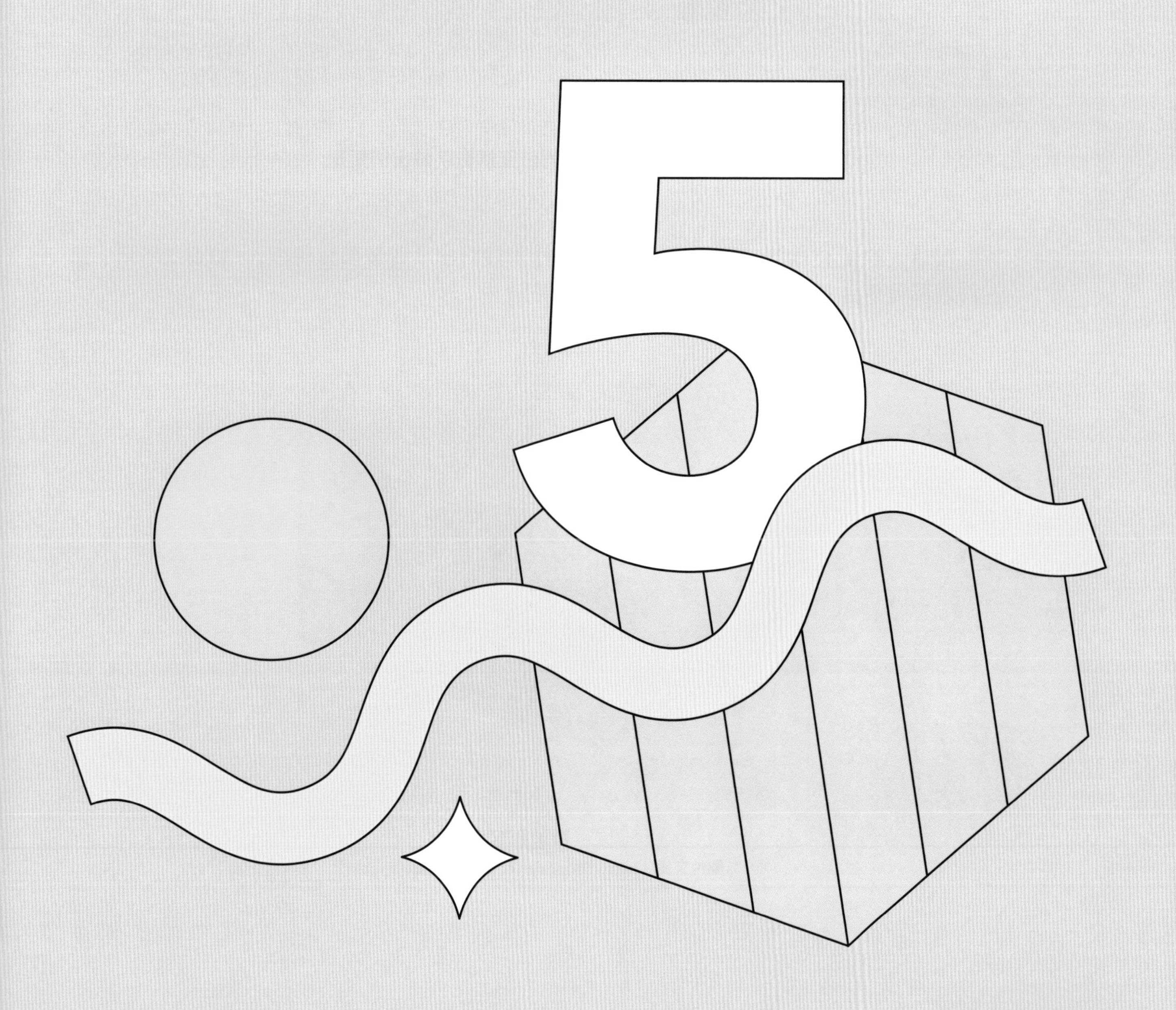

QUESTION 5-1

研究費波那契時鐘的設計

著名的費波那契（Fibonacci）數列，是將數字依規則排列，從第三個數開始，每個數會是前兩個數的和，依序分別為：「1、1、2、3、5、8、13、21、34 ......」。將數列的數字作為正方形邊長，可以拼出 1 個特別的矩形。下圖一是用前五個數字排出的矩形。

邊長為 2 的正方形
邊長為 1 的正方形
邊長為 1 的正方形
邊長為 3 的正方形
邊長為 5 的正方形

圖一　用費波那契數列前五個數字做出的矩形

加拿大的 1 位軟體工程師就利用了這個矩形設計出「費波那契時鐘」，如圖二所示。這在群眾募資平台上獲得了近 400 萬新臺幣的贊助。

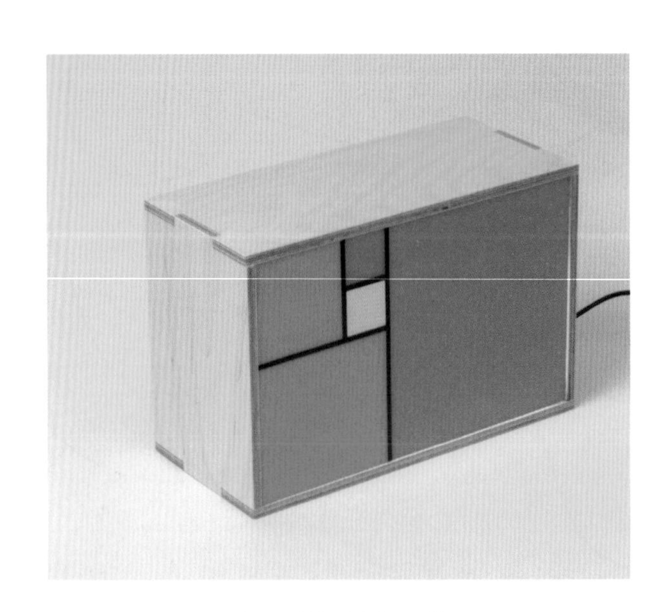

圖二　費波那契時鐘

（圖片來源：http://basbrun.com/fibonacci-clock/）

費波那契時鐘運用每個正方形的邊長，由小到大分別代表數字：「1、1、2、3、5」，再搭配紅、藍、綠三色來顯示出以 12 小時制表示的時間，其中紅色代表小時，綠色代表分鐘，藍色代表小時和分鐘都要算。經過計算後，你就能知道現在是幾點鐘。那麼，讓我們來一起學習如何研讀這款費波那契時鐘吧！

01 圖三是只有出現紅色的表示法，因為紅色代表小時，而且出現在矩形邊長 3 和邊長 5 的位置，因為加起來是 8，用來代表的時間是「08：00」。

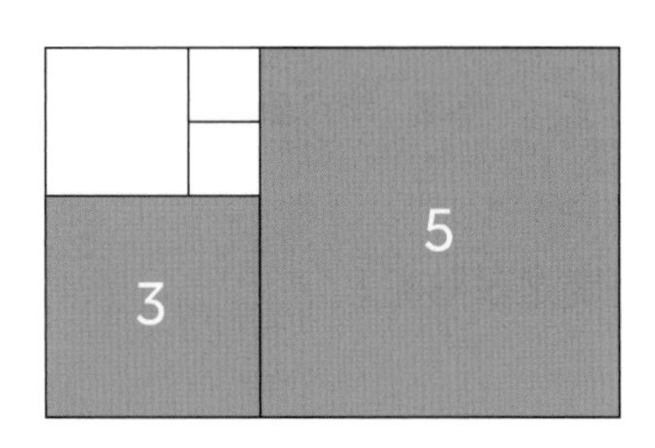

圖三　紅色表示法

請問圖四表示的時間是幾點呢？

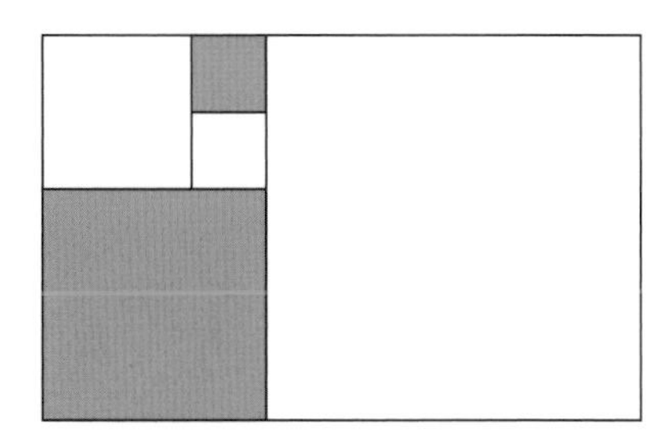

圖四

◆ 解：

02 接下來我們介紹分鐘的讀法，首先只看單以綠色表示的表示法，如圖五所示。由於費波那契時鐘每 5 分鐘才會改變一次時間，當綠色出現在邊長為 1 和 2 的正方形時，分鐘會是綠色正方形邊長的和再乘以 5，因此此時代表的時間是「00：15」。

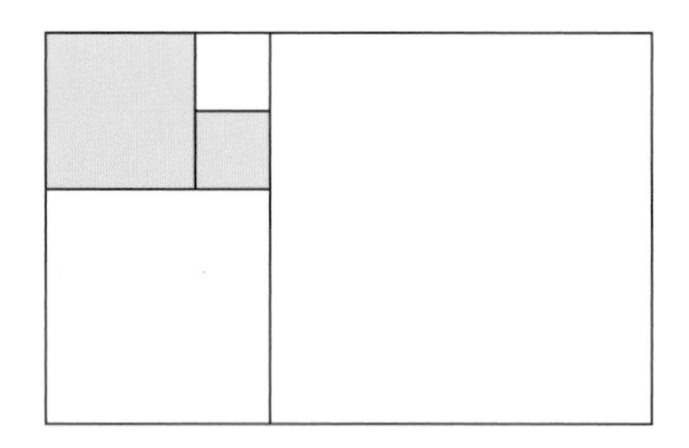

圖五　綠色表示法

承上題，請問圖六表示的時間是幾點呢？

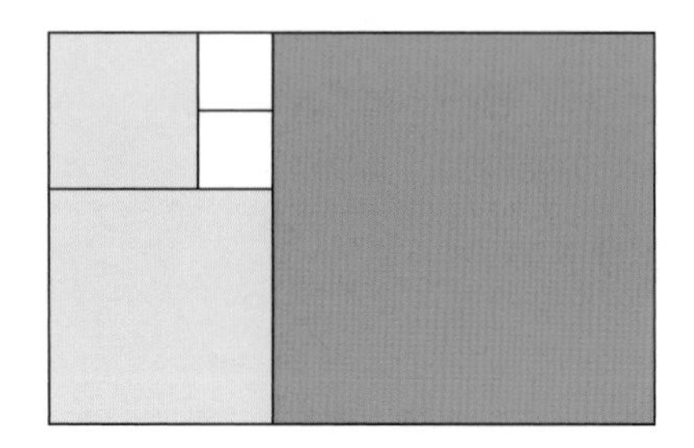

圖六

◆ 解：

03 發明者還加入藍色，同時代表小時和分鐘。只要出現藍色，就要把藍色與紅色對應的數字算進小時裡；也要把藍色與綠色對應的數字加總，再乘以 5 倍後，才能知道現在是幾分。請問圖七代表的時間應該是幾點呢？

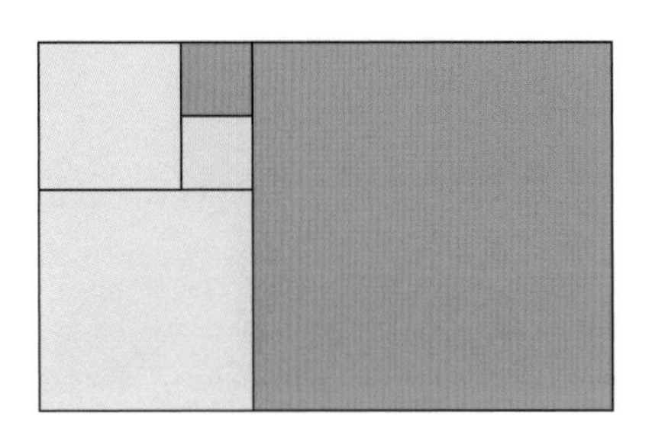

圖七

◆ 解：

04 這台時鐘特別的地方是，同一個時間有許多種呈現的方式。承第 1～ 3 題，請試著畫出至少 1 種不同於圖八的 06：50 表示方式。

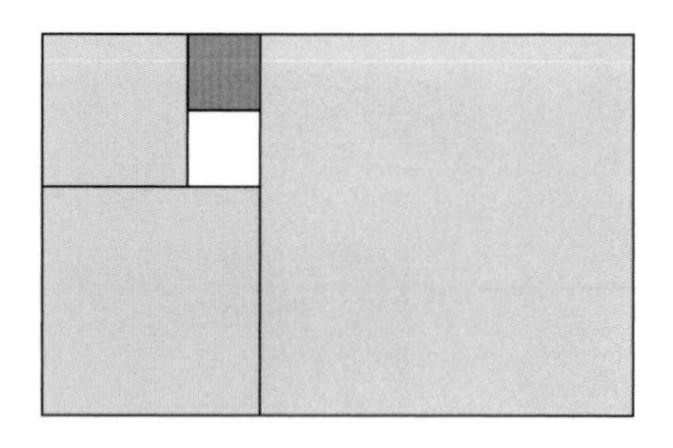

圖八　06:50 的 1 種表示法

◆ 解：

延伸學習

題目資訊

內容領域 ○數與量(N) ○空間與形狀(S) ◉變化與關係(R) ○資料與不確定性(D)

數學歷程 ○形成 ◉應用 ○詮釋

情境脈絡 ○個人 ○職業 ○社會 ◉科學

學習重點

學習內容
- R-5-2 四則計算規律（II）
- R-6-4 解題：由問題中的數量關係，列出恰當的算式解題

學習表現
- n-III-10 嘗試將較複雜的情境或模式中的數量關係以算式正確表述，並據以推理或解題。
- r-III-1 理解各種計算規則（含分配律），並協助四則混合計算與應用解題。
- r-III-3 觀察情境或模式中的數量關係，並用文字或符號正確表述，協助推理與解題。

QUESTION 5-2

尋找跨國球賽的時差平衡

越前龍馬是超級網球迷，每年只要有重要的網球比賽，他都會準時打開電視或上網，看該國的 LIVE 直播，而這些比賽分別在澳洲墨爾本、英國倫敦、法國巴黎及美國紐約舉辦。

然而，各地之間有時差的問題，例如：日本當地的時間比臺灣快 1 小時，即臺灣時間要再加上 1 小時才是日本的時間，因此臺灣早上 8 點時，日本是早上 9 點。比賽都以當地時間為準，要在臺灣看 LIVE 直播，得知道當地和臺灣差幾小時。

龍馬現在人在臺灣，請你協助他準時觀賞每場比賽：

(　) 01 龍馬晚上 7 點接到日本朋友打來的電話，請問他這位朋友此時在日本的時間是幾點？

A) 6 點

B) 7 點

C) 8 點

D) 9 點

02 龍馬想看美國紐約的比賽。他查到美國紐約的時間比臺灣慢 13 個小時。請問當地下午 01：30 舉行的比賽，應該是臺灣的什麼時間？

◆ 解：

03 承上題，龍馬打開電視才發現他錯過開打的時間。查了才知道，因為美國紐約的緯度較高，所以夏季的白天非常長，原本上午 6 點才天亮，但夏季時上午 5 點就天亮了。因此當地會實施「日光節約時間」，把時鐘調快 1 小時。如此一來，天亮的時候依然是上午 6 點，符合大家的生活作息。

考慮到這點，請問這場執行日光節約時間的比賽，龍馬該在臺灣的什麼時間打開電視，才能準時觀看 LIVE 直播？

◆ 解：

04 龍馬終於存夠錢去舉辦國當地看比賽了！有場比賽是在 07/02 英國倫敦當地下午 04：30 開始。由於是夏天，英國同樣使用日光節約時間，時間會比臺灣慢 7 個小時。他看中 1 班比較便宜但飛行時間比較長的班機：「臺北時間 07/02 上午 06：30 起飛，飛行時間 20 小時。」
請問這班飛機是否能讓龍馬準時在英國倫敦觀看比賽？請合理說明你判斷的理由。

◆ 解：

延伸學習

題目資訊

內容領域	◉數與量(N) ◯空間與形狀(S) ◯變化與關係(R) ◯資料與不確定性(D)
數學歷程	◯形成 ◉應用 ◯詮釋
情境脈絡	◉個人 ◯職業 ◯社會 ◯科學
學習重點 學習內容	N-4-13 解題：日常生活的時間加減問題
學習重點 學習表現	n-II-10 理解時間的加減運算，並應用於日常的時間加減問題。

QUESTION 5-3

釐清區間測速的優缺點

臺灣原定在 2021 年元旦開始執行「區間測速法規」，但是很多人搞不太清楚這跟一般測速有什麼不一樣。簡單來說，區間測速是在 1 段道路的兩端裝檢測器與告示牌，如下圖一，藉由車子在這段道路行駛的總時間，計算出行車的「平均速率」，再比較平均速率是否超過速限，超過速限就會開罰。

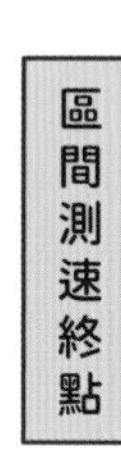

圖一　區間測速告示牌

舉例來說，北宜公路上有段長約 4 公里的路段，目前正在試行區間測速，速限是時速 40 公里。

01 若以時速 60 公里經過北宜公路的此路段，請問是否超速？

是　　否

02 若只花 5 分鐘就通過此路段，請問平均「分速」是多少公里？

◆ 解：

03 根據速限規定，經過此路段時，所花的時間不可少於幾分鐘？

◆ 解：

04 有些駕駛愛鑽漏洞，會在測速路段開得很快，然後在抵達測速路段終點前，直接在路邊停車等待時間經過，造成路邊停滿一堆車的亂象。舒馬克就是這樣的人。他開著 1 台加速極快的跑車上北宜公路，在測速路段的起點，以時速 80 公里開了 3 公里，停下來等一段時間後再出發。一上路，他又瞬間加速到時速 100 公里，一路開到測速路段的終點。結果，他沒有被檢測出超速。承上題，請問舒馬克在路邊最少停留了幾分鐘？

◆ 解：

延伸學習

題目資訊

內容領域	◉數與量(N) ○空間與形狀(S) ○變化與關係(R) ○資料與不確定性(D)	
數學歷程	○形成 ○應用 ◉詮釋	
情境脈絡	○個人 ○職業 ◉社會 ○科學	
學習重點	學習內容	N-6-7 解題：速度 R-6-4 解題：由問題中的數量關係，列出恰當的算式解題
	學習表現	n-III-9 理解比例關係的意義，並能據以觀察、表述、計算與解題，如比率、比例尺、速度、基準量等。 n-III-10 嘗試將較複雜的情境或模式中的數量關係以算式正確表述，並據以推理或解題。

KNOWLEDGE LINKING

國中知識連結

數列

- **數列**

  ◎ 將一些數排成一列並以逗號分開，就稱為數列。

  ◎ 數列中的每個數，稱為項。

  ◎ 若一數列有 n 項，則第一個數稱為第 1 項或首項，記為 a_1；第二個數稱為第 2 項，記為 a_2；……；最後一個數稱為末項，記為 a_n

- **等差數列：**數列中的任意相鄰兩項，若後項減前項的差都相等，稱之為等差數列，而這個差稱為公差，記為 d

- **等差數列的第 n 項：**若等差數列的首項為 a_1，公差為 d，則此等差數列的第 n 項 $a_n = a_1 + (n-1) \times d$

- **等差中項：**當 a、b、c 三數成等差數列時，b 稱為 a 與 c 的等差中項，且 $b = \frac{a+c}{2}$

練習題

① 請觀察下列數字或圖形的規律，並回答問題：

(1) 觀察數字之間的規律，並在空格中填上數字：

2、2、4、6、10、16、______、42

(2) 請觀察下圖，請在第 112 行中畫出其圖樣：

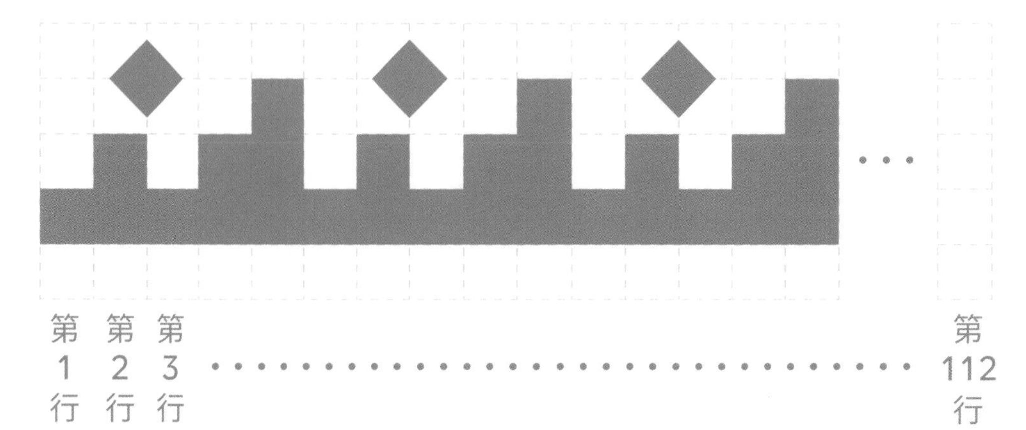

② 下面有一等差數列。請在空格中填入數列中的項，並寫出公差。

5、11、______、______、______、35，公差為 ________

③ 已知一等差數列的首項為 20，公差為 3，則此等差數列的第 16 項為 ________

④ 已知三數成等差數列，且其等差中項為 10，則此三數的和為 ________

數感 FN2012

數學素養題型 銜接

作　　者　數感實驗室
主　　編　賴以威
協力編輯　廖珮妤、陳韋樺、鄭淑文、謝至平
行銷業務　陳彩玉、林詩玟、李振東
視覺統籌　郭豫君
美術設計　數感實驗室設計團隊 Numeracy Design Lab

發 行 人　凃玉雲
編輯總監　劉麗真
出　　版　臉譜出版
城邦文化事業股份有限公司
台北市民生東路二段 141 號 5 樓
電話：886-2-25007696 傳真：886-2-25001952

發　　行　英屬蓋曼群島商家庭傳媒股份有限公司城邦分公司
台北市中山區民生東路 141 號 11 樓
客服專線：02-25007718；25007719
24 小時傳真專線：02-25001990；25001991
服務時間：週一至週五上午 09:30-12:00；下午 13:30-17:00
劃撥帳號：19863813 戶名：書虫股份有限公司
讀者服務信箱：service@readingclub.com.tw
城邦網址：http://www.cite.com.tw

香港發行所　城邦（香港）出版集團有限公司
香港灣仔駱克道 193 號東超商業中心 1 樓
電話：852-25086231　傳真：852-25789337

新馬發行所　城邦（新、馬）出版集團
Cite（M）Sdn. Bhd.（458372U）
41-3, Jalan Radin Anum, Bandar Baru Sri Petaling,
57000 Kuala Lumpur, Malaysia.
電話：+6(03)-90563833
傳真：+6(03)-90576622
電子信箱：services@cite.my

一版一刷　2023 年 6 月
一版二刷　2023 年 9 月
ISBN 978-626-315-293-9
售價：420 元（本書如有缺頁、破損、倒裝，請寄回更換）